奎文萃珍

考工記圖

［清］戴震 撰

文物出版社

圖書在版編目（CIP）數據

考工記圖 / (清) 戴震撰. -- 北京 : 文物出版社, 2022.7

（奎文萃珍 / 鄧占平主編）

ISBN 978-7-5010-7370-2

Ⅰ.①考… Ⅱ.①戴… Ⅲ.①手工業史 - 中國 - 古代 Ⅳ.①N092

中國版本圖書館CIP數據核字(2022)第010427號

奎文萃珍

考工記圖 〔清〕戴震 撰

主　　編：鄧占平
策　　劃：尚論聰　楊麗麗
責任編輯：李子裔
責任印製：張道奇

出版發行：文物出版社
社　　址：北京市東直門内北小街2號樓
郵　　編：100007
網　　址：http://www.wenwu.com
郵　　箱：web@wenwu.com
經　　銷：新華書店
印　　刷：藝堂印刷（天津）有限公司
開　　本：710mm × 1000mm　1/16
印　　張：16
版　　次：2022年7月第1版
印　　次：2022年7月第1次印刷
書　　號：ISBN 978-7-5010-7370-2
定　　價：90.00圓

序言

《考工記圖》二卷，清戴震撰，是一部關于《考工記》研究的專著。

戴震（一七二三—一七七七），字東原，號杲溪。安徽休寧人。乾嘉漢學皖派領袖。自幼好學多思，因家境貧寒，曾隨父爲商販，又以課徒爲生。二十歲回鄉，師事婺源江永，習律曆、聲韵、三禮之學，學問日進，先後著《考工記圖》《屈原賦注》《六書論》《勾股割圜記》等書。乾隆十九年（一七五四），因遭族中豪强迫害，入京避難。時紀昀、王鳴盛、錢大昕、王昶、朱筠等與之交往，推崇備至。刑部侍郎秦惠田即聘其編纂《五禮通考》。乾隆二十七年（一七六二）中舉，後六次會試不中。乾隆三十八年（一七七三）以舉人身份特召充《四庫全書》纂修官。四十年（一七七五）特准參加殿試，授翰林院庶吉士。次年，作《孟子字義疏證》，辨理欲、性情之説，批判宋明理學。次年病卒。戴震著述宏富，除上列數種外，另有《聲韵考》《聲類表》《方言疏證》《緒言》《原善》等，校訂《水經注》等。

《考工記》爲我國先秦時期記録官營手工業各工種技藝及規範的文獻。學術界普遍認爲是齊國的官書，殆編纂于戰國初期，在流傳過程中，又有所增益和修訂。西漢時，河間獻王劉德整理先秦文獻，因《周官》佚缺《冬官》，遂以《考工記》補入。劉歆將《周官》改爲《周禮》，故又稱《周禮·考工記》。《考工記》列舉了攻木、攻金、攻皮、設色、刮摩、搏埴六大類三十個手工工種，涉及造車、冶鑄、兵革、染色、雕刻、制陶、水利、測量等諸多工藝，反映了我國先秦時期的科技及工藝水準。英國科學史學家李約瑟評價該書是『研究中國古代科學技術史的重要文獻』。

《考工記圖》爲戴震的成名之作，初稿寫于乾隆十一年（一七四六），即戴震二十四歲時。戴震《考工記圖序》説明撰寫此書緣由，認爲涉及名物度數的文獻，圖像與《傳》《注》應相爲表裏，而『《六經》中制度禮儀，核之傳注，既多違誤。而爲圖者，又往往自成詰詘，异其本經』。又稱《考工記》向稱難讀，非精究『少廣』『旁要』等算術之學，不能正確推導所載器物之規制。因作是書，『翼贊鄭學，擇其正論，補其未逮，圖傳某工之下，俾學者顯白觀之』。初稿繪圖五十九幅，使《考工記》中的古代器物，昭然可見，圖後并附以己説。乾隆二十年（一七五五），戴震又吸納紀昀的建議，删除原書中鄭衆（先鄭）、鄭玄（後鄭）的錯注而自定其説以爲補注，仍名爲《考工記圖》。其書體例爲逐段注釋，凡注文中『注』者爲漢鄭衆、鄭玄注，凡『補注』者爲戴震自注。重要器物皆繪圖加以説明。清代學者對此書評價甚高，紀昀稱戴氏此書云：『俾古人制度之大，暨其禮樂之器，昭然復見于今兹。是書之爲治經所取益固钜。』（《考工記圖序》）姚鼐亦贊此書『推考古制信多當』（《書考工記圖後》）。戴震之後，《考工記》研究蔚然成風，成爲獨立于《周禮》研究的專門之學。

《考工記圖》初刻爲清乾隆間紀昀閲微草堂刻本。戴震死後，孔繼涵微波榭刻《戴氏遺書》，録《考工記圖》，與閲微草堂本内容相同，而略有异字。嘉慶時，阮元輯刻《皇清經解》，亦收録《考工記圖》。民國時，《安徽叢書》有《戴東原先生全集》，即影印微波榭刻《戴氏遺書》。此次影印，亦以孔氏微波榭刻《戴氏遺書》本爲底本。

楊健

二〇二二年四月

戴君東原始爲考工記作圖也圖後附以己說而無注乾隆乙亥夏余初識戴君奇其書欲付之梓遲之半載戴君乃爲余刪取先後鄭注而自定其說以爲補注又越半載書成仍名曰考工記圖從其始也戴君語余曰昔丁卯戊辰閒先師程中允出是書以示齊學士次風先生學士一見而歎曰誠奇書也今再遇子奇之是書可不憾矣戴君深明古人小學故其考證制度字義爲漢已降儒者所不能及以是求之聖人遺經發明獨多詩三百尚書二十八篇爾雅等皆有撰著自以爲恐成書太早而獨於考工記則曰是亞於經也者考證雖難

要得其詳則止矣余以戴君之說與昔儒舊訓參互校覈轂末之軹明其當作軒不得與輿人之軹轛二名溷淆今字書併軒字無之車人徹廣六尺以鬲長車廣當相等兩轅之閒六尺旁加輻內六寸輻廣三寸綆寸合左右凡二尺則大車之徹亦八尺字譌八爲六弓人膠三鋝一弓之膠不得過兩有十銖二十五分銖之十四正其當爲三鋝此皆記文之誤漢儒已莫之是正者後鄭謂軫輿後橫木戴君乃曰輈人言軫閒左右名軫之證也加軫與轐弓長庇軫軫方象地前後左右通名軫之證也輈人任正衡任鄭以當軓與衡而謂軓爲輿下

三面材輢式之所對戴君乃曰此爲下當兎圍軸圍發其意也若輢式之所對宜記於輿人今輈人爲之殆非也鄭以戈胡句倨外博爲胡上下戴君曰此不宜與己倨已句字義有異鄭引許叔重說文解字及東萊稱證鍰鋝數同戴君乃曰鍰之假借字作垸鋝之假借字史記作率漢書作選伏生尚書大傳作饌數小大相縣合爲一未然也戟刺長短無文鄭氏旣未及賈公彥云葢與胡同六寸戴君則曰戈一援戟二援也中直援名刺與枝出之援同長七寸有半寸刺連內爲一直刃通長尺有二寸猶夫戈之直刃通長尺有二寸也桃氏爲劒

中其莖設其後鄭訓設爲大謂從中已後稍大之戴君曰不當與設其旋設其羽之屬異義後謂劒環在人所握之下故名後與劒首對稱矣鍾之鉦閒無文鄭以爲與鼓閒六等而合舞廣四爲鍾長十六戴君乃曰鍾自銑至鉦自鉦至舞斂衺以二準諸句股灋銑閒八鉦閒亦八是爲鍾長十六舞者其上覆脩六廣四葢鍾羨之度不當在鍾長之數玉案以承棗㮚莫詳其制戴君引棜禁及漢小方案定其有四周而局足盧人句兵欲無彈刺兵欲無蜎鄭皆訓之爲掉戴君讀彈如兜蟺之蟺轉掉也蜎搖掉也其所以補正鄭氏注者精審類如此

他若因嘉量論黃鍾少宮因玉人土圭匠人爲規識景論地與天體相應寒暑進退晝夜永短之理辯天子諸侯之宮三朝三門宗廟社稷所在詳明堂个與夾室之制申井田溝洫之灋觸事廣義俾古人制度之大暨其禮樂之器昭然復見於今茲是書之爲治經所取益固鉅然戴君不喜馳騁其辭但存所是文畧又於輈人龍旂鳥旟之屬梓人筍虡車人大車羊車之等圖不具其言曰思而可得者微見其端要留以待成學治古文者之致思可也斯誠得論著之體矣余獨慮守章句之儒不知引伸膠執舊聞沾沾然動其喙也是以論其大指

以爲之序首河閒紀昀撰

考工記圖上

立度辨方之文圖與傳注相表裏者也自小學道湮好古者靡所依據凡六經中制度禮儀覈之傳注既多違誤而爲圖者又往往自成詰詘異其本經古制所以日就荒謬不聞也嘗禮圖有梁鄭阮張夏侯諸家之學失傳已久惟聶崇義三禮圖二十卷見於世於考工諸器物尤疏舛同學治古文辭有苦考工記難讀者余語以諸工之事非精究少廣旁要固不能推其制以盡文之奧曲鄭氏注善矣茲爲圖翼贊鄭學擇其正論補其未逮圖傳某工之下俾學士顯白

觀之因一卷書當知古六書九數等儒者結髮從事
今或皓首未之聞何也休寧戴震

國有六職百工與居一焉或坐而論道或作而行之或審曲面埶以飭五材以辨民器或通四方之珍異以資之或飭力以長地財或治絲麻以成之坐而論道謂之王公作而行之謂之士大夫審曲面埶以飭五材以辨民器謂之百工通四方之珍異以資之謂之商旅飭力以長地財謂之農夫治絲麻以成之謂之婦功與音預埶勢同長竹丈反

注作起也辨猶具也辨辨古今字鄭司農云審曲面埶審察五材曲直方面形埶之宜以治之及陰陽之面皆是

也春秋傳曰天生五材民竝用之謂金木水火土也粤無鎛燕無函秦無盧胡無弓車粤之無鎛也非無鎛也夫人而能爲鎛也燕之無函也非無函也夫人而能爲函也秦之無盧也非無盧也夫人而能爲盧也胡之無弓車也非無弓車也夫人而能爲弓車也鎛音博盧魯吳反說文作籚夫音扶

注鎛田器鄭司農云函鎧也盧謂矛戟柄竹欑柲

知者創物巧者述之守之世謂之工百工之事皆聖人之作也爍金以爲刃凝土以爲器作車以行陸作舟以行水此皆聖人之所作也天有時地有氣材有美工有巧合此四者然後可以爲良材美工巧然而不良則不

時不得地氣也橘踰淮而北爲枳鸜鵒不踰濟貉踰汶則死此地氣然也鄭之刀宋之斤魯之削吳粵之劒遷乎其地而弗能爲良地氣然也燕之角荆之幹妢胡之笴吳粵之金錫此材之美者也天有時以生有時以殺草木有時以生有時以死石有時以泐水有時以凝有時以澤此天時也知音智創刱古字通幹古旱反俗作幹妢扶云反笴讀爲槀泐音扐澤音釋

注幹柘也可以爲弓弩之幹妢胡胡子之國在楚旁笴矢幹也鄭司農云泐謂石解散也夏時盛暑大熱則然

凡攻木之工七攻金之工六攻皮之工五設色之工五

刮摩之工五摶埴之工二攻木之工輪輿弓廬匠車梓攻金之工築冶鳧㮚段桃攻皮之工函鮑韗韋裘設色之工畫繢鍾筐㡌刮摩之工玉楖雕矢磬摶埴之工陶瓬刮古八反摶音博埴時職反㮚俗作栗鮑書或作鞄匹學反韗音運㡌莫黄反楖側筆反瓬從瓦方聲甫罔反

注攻猶治也摶之言拍也摶釋文有團博二音團音當手旁專博音手旁尃絕然二字譌溷莫辨鄭注摶之言拍取音聲相邇爲訓拍古音滂各反釋名云拍搏也手搏其上也又云搏博也四指廣博亦佀擊之也據此定從博音埴黏土也

梓榎屬也

有虞氏上陶夏后氏上匠殷人上梓周人上輿故一器而工聚焉者車爲多車有六等之數車軫四尺謂之一等戈柲六尺有六寸既建而迆崇於軫四尺謂之二等

人長八尺崇於戈四尺謂之三等殳長尋有四尺崇於人四尺謂之四等車戟常崇於殳四尺謂之五等酋矛常有四尺崇於戟四尺謂之六等車謂之六等之數迆以氏反

注此所謂兵車也八尺曰尋倍尋曰常殳長丈二戈殳戟矛皆插車輢車輢外設局戈殳戟矛所建鄭司農云迆謂著戈於車邪倚也

凡察車之道必自載於地者始也是故察車自輪始凡察車之道欲其樸屬而微至不樸屬無以爲完久也不微至無以爲戚速也樸音剝屬章欲反戚蹙同

注樸屬猶附著堅固貌也齊人有名疾爲戚者春秋

傳曰蓋以操之爲已𪱘矣鄭司農云徼至謂輪至地者少言其圜甚著地者微爾著地者微則易轉故不微至無以爲戚數

輪已崇則人不能登也輪已庳則於馬終古登阤也阤丈爾反

注已太也甚也齊人之言終古猶言常也阤阪也輪庳則難引

故兵車之輪六尺有六寸田車之輪六尺有三寸乘車之輪六尺有六寸乘繩證反

注此以馬大小爲節也兵車革路也田車木路也乘車玉路金路象路也據巾車書兵車乘車駕國馬田車駕田

馬

六尺有六寸之輪軹崇三尺有三寸也加軫與轐焉四尺也人長八尺登下以爲節（軹當作軒音笄　轐轐同博木反）

注鄭司農云轐謂伏兔也玄謂軹轂末也此軫與轐并七寸田車又宜減焉

補注轂末之軹故書本作軒（從車幵聲）讀如簪笄之笄轂末出輪外侶笄出鬒外也（軒字見大馭注杜子春改爲軹）軒軹軓軌四字經傳中往往譌溷先儒以其所知改所不知於是經書字書不復有軒字矣（說具釋車）

輪人爲輪斬三材必以其時三材旣具巧者和之轂也

者以爲利轉也輻也者以爲直指也牙也者以爲固抱也輪敝三材不失職謂之完（牙讀如訝）

注材在陽則中冬斬之在陰則中夏斬之今世轂用雜榆輻以檀牙以橿也鄭司農云牙謂輪輮也世間或謂之罔

望而眡其輪欲其幎爾而下迆也進而眡之欲其微至也無所取之取諸圜也（幎莫歷反）

注輪謂牙也幎均致貌也微至至地者少也非有他也圜使之然也

望其輻欲其掣爾而纖也進而眡之欲其肉稱也無所

取之取諸易直也揱音朔纖纖通稱尺證反

注揱纖殺小貌也肉稱弘殺好也

補注輻有鴻有殺佀人之臂擘故欲其揱爾而纖不擁腫也許叔重說文解字曰揱人臂貌徐鍇云人臂稍長纖好也纖好手貌詩曰纖纖女手今毛詩作摻傳云摻摻猶纖纖也

望其轂欲其眼也進而眡之欲其幬之廉也無所取之取諸急也眼當作輥古本反說文云周禮曰望其轂欲其輥幬徒到反

注眼出大貌也幬幔轂之革也革急則裹木廉隅見

補注說文輥齊等貌齊等者不橈減也轂欲其輥則幹木圜甚不宜又有廉隅以革幬轂欲廉廉之言斂

也負幹斂約也如紾而摶廉之廉

眡其綆欲其蚤之正也綆音餅蚤爪古字通

注蚤當爲爪謂輻入牙中者也鄭司農云綆謂輪箄也玄謂輪雖箄爪牙必正也疏云凡造車輪皆向外箄向外箄則車不掉

補注輻上端入轂中用正枘下端入牙中用偏枘令牙外出不與輻股骹參値是爲綆綆之言偏箄也蚤正謂衆輻齊平雖有綆之減綆參分寸之三蚤皆均正也

察其菑蚤不齵則輪雖敝不匡菑側吏反齵五構反

注菑謂輻入轂中者也菑與爪不相佹乃後輪敝盡不匡刺也

補注人齒傴戾曰齵凡物刺起不平曰匡

凡斬轂之道必矩其陰陽陽也者稹理而堅陰也者疏理而柔是故以火養其陰而齊諸其陽則轂雖敝不藃稹之忍反藃音槁

注矩謂刻識之也稹致也火養其陰炙堅之也藃藃暴減下曰藃虛起曰暴陰柔後必橈減幬革暴起

轂小而長則柞大而短則摯柞同笮莊百反摯同隉魚剝反

注鄭司農云柞謂輻閒柞狹也

補注摯者車行危隉不安

是故六分其輪崇以其一爲之牙圍

注六尺六寸之輪牙圍尺一寸

參分其牙圍而漆其二

注不漆其踐地者也漆者七寸三分寸之一不漆者三寸三分寸之二令牙厚一寸三分寸之二則內外面不漆者各一寸也

椁其漆內而中詘之以爲之轂長以其長爲之圍

注六尺六寸之輪漆內六尺四寸是爲轂長三尺二寸圍徑一尺三分寸之二也鄭司農云椁者度兩漆之內相距之尺寸也

補注大車短轂取其利也兵車乘車田車暢轂取其

安也六尺六寸之輪轂長三尺二寸則車行無危隉之患圍亦三尺二寸以建三十輻則輻閒無柞狹之患周三尺二寸者徑尺有五分寸之一弱鄭注用六觚之率周三徑一約計大數爾非圜率也〔今算家圜率定於祖沖之隋書律歷志曰古之九數圜周率三圜徑率一其術疏舛宋末南徐州從事史祖沖之更開密灋以圜徑一億爲一丈圜周盈數三丈一尺四寸一分五釐九毫二秒七忽朒數三丈一尺四寸一分五釐九毫二秒六忽正數在盈朒二限之閒密率圜徑一百一十三圜周三百五十五約率圜徑七周二十二〕

以其圍之阞捎其藪〔捎音蕭藪素口反〕

注捎除也阞三分之一也鄭司農云藪讀爲蜂藪之藪謂轂空壺中也立謂此藪徑三寸九分寸之五壺中當輻菑者也〔疏云車轂之灋其孔必大頭寬小頭狹當輻入處謂之藪寬狹處中而已〕蜂藪者猶言

趨也藪者衆輻之所趨也

補注捎空轂中如壺然所以受軸以密率計之徑三寸五分寸之二弱

五分其轂之長去一以爲賢去三以爲軹（去起呂反　軹當作軒）

注鄭司農云賢大穿也軹小穿也玄謂此大穿徑八寸十五分寸之八小穿徑四寸十五分寸之四大穿甚大佀誤矣大穿實五分轂長去二也去二則得六寸五分寸之二凡大小穿皆謂金也今大小穿金厚一寸則大穿穿內徑四寸五分寸之二小穿穿內徑二寸十五分寸之四如是乃與藪相稱也（今當作令　賈疏已誤）

補注以密率計之大穿徑六寸十分寸之一強小穿徑四寸四十分寸之三弱軸徑四寸五分寸之一強大穿穿內徑不得過四寸軸之兩端入轂中者稍殺削之其當大穿處鋸截周遭少許則轂止不內侵

容轂必直陳篆必正施膠必厚施筋必數幬必負幹數邑角反

注容者治轂爲之形容也篆轂約也幬負幹者革轂相應無贏不足

既摩革色青白謂之轂之善

注謂丸漆之乾而以石摩平之疏云將漆之先以骨丸之待乾乃以石摩之革色青白善之徵也

參分其轂長二扗外一扗內以置其輻

注轂長三尺二寸者令輻廣三寸半則輻內九寸半輻外一尺九寸

凡輻量其鑿深以爲輻廣輻廣而鑿淺則是以大扤雖有良工莫之能固鑿深而輻小則是固有餘而强不足也故竑其輻廣以爲之弱則雖有重任轂不折量音良鑿曹報反竑音紘

注廣深相應則固足相任也扤扤搖動貌弱菑也今人謂蒲本扗水中者爲弱是其類也鄭司農云竑謂度之弱蒻通

補注輻廣不得過三寸輻厚一寸奇菑厚葢太半寸

三分之二爲太 三分之一爲少 漸殺至端不得過三分寸之一鄭用牧曰量其鑿深以爲輻廣竑其輻廣以爲之弱弱自與鑿淺相應反覆言之爾抗而不固則轂折轂不能持輻也

參分其輻之長而殺其一則雖有深泥亦弗之溓也 殺色界反 溓讀爲黏女廉反

注殺衰小之也

參分其股圍去一以爲骹圍 骹苦教反

注謂殺輻之數也鄭司農云股謂近轂者也骹謂近牙者也方言股以喻其豐故言骹以喻其細人脛近

足者細於股謂之骹羊脛細者亦謂骹

揉輻必齊平沈必均揉說文作煣而久反

注揉謂以火稿之衆輻之直齊如一也平沈平漸也

鄭司農云平沈謂浮之水上無輕重

直以指牙牙得則無槷而固槷魚列反從木埶省聲

注得謂倨句鑿內相應也內枘同郎蚤 鄭司農云槷椴也蜀

人言椴曰槷

不得則有槷必足見也見賢遍反

注必足見言槷大也然則雖得猶有槷但小爾

補注鄭用牧曰足者枘之下枘入鑿中而猶見其足

鑿太寬故也槷小不足見槷大則足見無槷而固甚

言鑿枘相應不用槷亦固

六尺有六寸之輪綆參分寸之二謂之輪之固

注輪箄則車行不掉也參分寸之二者出於輻股鑿之數也

補注固謂不傾掉也輪不箄必左右佹搖故輻蚤用偏枘令牙出於輻股鑿三分寸之二如此則重埶微注於內兩輪訂之而定無傾掉之患

凡爲輪行澤者欲杼行山者欲侔杼以行澤則是刀以割塗也是故塗不附侔以行山則是搏以行石也是故

輪雖敝不甐於鑿杼直呂反侔亾侯反摶徒丸反甐音吝

注杼謂削薄其踐地者侔上下等摶圜厚也甐亦敝也以輪之厚石雖齧之不能敝其鑿旁使之動

凡揉牙外不廉而內不挫旁不腫謂之用火之善廉當作熑

注廉絕也說文云熑火煣車網絕也周禮曰煣牙外不熑挫折也腫瘣也

是故規之以眡其圜也萬之以眡其匡也縣之以眡其輻之直也水之以眡其平沈之均也量其藪以黍以眡其同也權之以眡其輕重之侔也故可規可萬可水可縣可量可權也謂之國工萬音俱

注輪中規則圜矣等爲萬蔞以運輪上輪中萬蔞則

不匡刺也輪輻三十上下相直從旁以繩縣之中繩則鑿正輻直矣平漸其輪無輕重則斲材均矣黍滑而齊以量兩壺無羸不足則同侔等也稱兩輪鈞石同則等矣輪有輕重則引之有難易

補注正輪之器名萬亦謂之萬蔞蓋與輪等大平可取準萬之縣之猶瓬人之器中膊豆中縣也方言秦晉之閒謂車弓曰枸蔞二者其狀仿佛故方俗同稱

輪材三

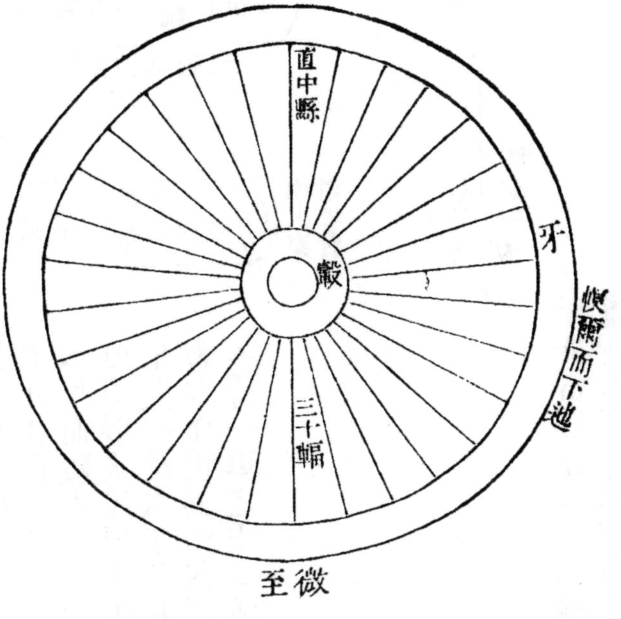

轂

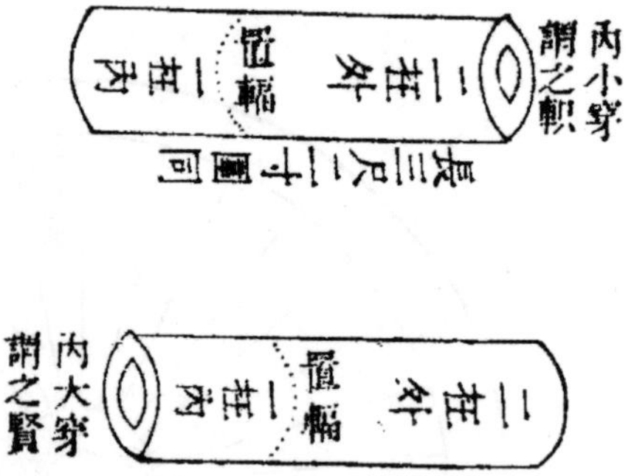

內小穿謂之軹
二在外
一在內
輻
長三尺二寸圍同

內大穿謂之賢
二在外
一在內
輻

兵車乘車軫閒六尺六寸旁加七寸合兩旁幷軫閒是爲徹廣八尺而轂入輿下者七寸其內地郎置伏兔以承軫兩軹之廣凡丈一尺六寸此轂末之軹故書本作軹與輢內之軹宜有別不得一車之中二名溷淆也

輻

菑
弱
股
骹三之一
骹
倨
句
蚤

牙外出三分寸之二輻股鑿不與蚤所入之鑿相當以蚤有倨句故也外直下爲倨內曲剡之爲句

輪人爲葢達常圍三寸桯圍倍之六寸桯讀如楹

注鄭司農云達常葢斗柄下入杠中也桯葢杠也

信其桯圍以爲部廣部廣六寸信伸古今字

注廣謂徑也鄭司農云部葢斗也

部長二尺

注謂斗柄達常也

桯長倍之四尺者二

注杠長八尺謂達常已下也加達常二尺則葢高一

丈立乘也

補注鄭用牧曰部厚一寸連於達常通長二尺不計

其入桯中者桯長八尺亦不計其入輿下者桯建輿下達常建桯中皆宜有數寸取其足相持爲度

十分寸之一謂之枚部尊一枚弓鑿廣四枚鑿上二枚鑿下四枚

注尊高也蓋斗上隆高高一分也弓蓋橑也廣大也

是爲部厚一寸（鑿上下合六分并鑿空四分共一寸也）

鑿深二寸有半下直二枚鑿端一枚

注鑿深對爲五寸是以不傷達常也（達常徑一寸弱）下直二枚者鑿空下正而上低二分也其弓菑則撓之平剡其下二分而內之欲令蓋之尊終平不蒙撓也端內題

也二枚一枚皆鑿端弓杪所至欲見鑿空下正故曰下直二枚鑿端一枚便文協句爾

補注弓鑿外大內小外縱橫皆四分內縱二分下直二枚是也橫一分鑿端一枚是也下直者對上迆爲言鑿下外內同四分鑿上外二分內四分加部尊焉

弓長六尺謂之庇軹五尺謂之庇輪四尺謂之庇軫軹當作軒

注庇覆也杜子春云謂覆幹也玄謂軹轂末也輿廣六尺六寸兩轂并六尺四寸旁減軌內七寸則兩軹之廣凡丈一尺六寸也六尺之弓倍之加部廣凡丈二尺六寸有宇曲之減可覆軹不及幹幹鍏古字通胡夏反於文從斗譌作斡非

參分弓長而揉其一

注參分之持長撓短短者近部而平長者爲宇曲也

六尺之弓近部二尺四尺爲宇曲

補注弓菑入鑿中剡其下二分兩旁各剡一分有半

鑿空下平直則弓必上仰故揉其近部之二尺使平

外四尺自下迆而成宇曲

參分其股圍去一以爲蚤圍

注蚤當爲爪以弓鑿之廣爲股圍則寸六分也爪圍

一寸十五分寸之一

參分弓長以其一爲之尊上欲尊而宇欲卑上尊而宇

卑則吐水疾而霤遠

注六尺之弓上近部平者二尺爪末下於部二尺二尺爲句四尺爲弦求其股股十二除之面三尺幾半也上近部平者也隤下曰宇蓋者主爲雨設也乘車無蓋禮所謂潦車謂蓋車與

蓋已崇則難爲門也蓋已卑是蔽目也是故蓋崇十尺

注十尺其中正也蓋十尺宇二尺而人長八尺卑於此蔽人目

良蓋弗冒弗紘殷畝而馳不隊謂之國工（殷音隱）

注隊落也善蓋者以横馳於壟上無衣若無紘而弓不落也

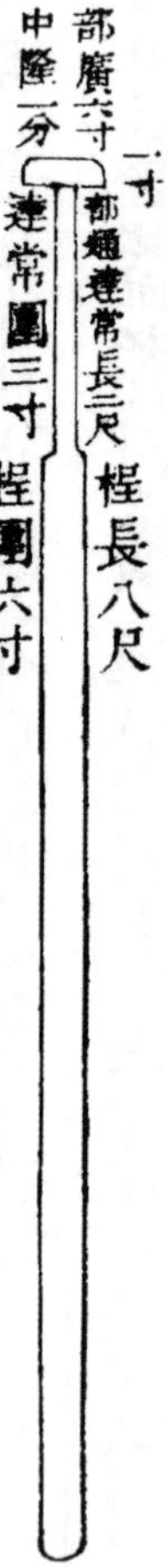

部厚一寸
部廣六寸
中隆一分
部尊達常長二尺
達常圍三寸
桯長八尺
桯圍六寸

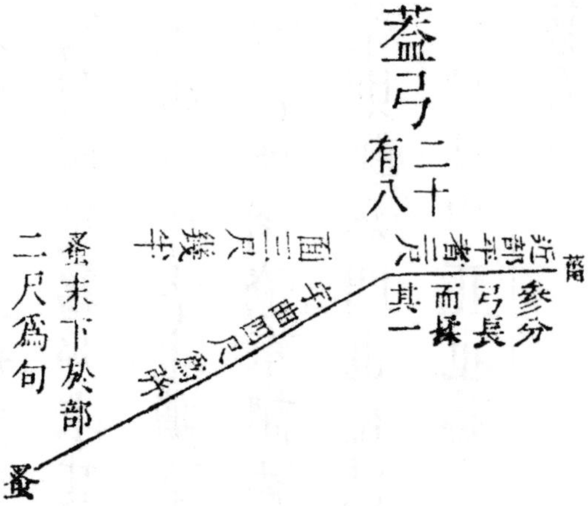

蓋弓二十有八
部
近部平者二尺
參分弓長而揉其一
宇曲四尺爲弦
面三尺幾半
蚤末下於部二尺爲句
蚤

凡句股各自乘幷之爲弦實弦自乘減句自乘餘爲股實減股自乘餘爲句實如圖以二尺爲句四尺爲弦而求其股先以弦自乘得弦實十六尺次以句自乘得句實四尺兩數相減餘十二尺爲股實開方除之得股長三尺四寸六分有奇故鄭注云面三尺幾半也

輿人爲車輪崇車廣衡長參如一謂之參稱稱尺證反

注車輿也衡之長容兩服

參分車廣去一以爲隧

注兵車之隧四尺四寸鄭司農云隧謂車輿深也

參分其隧一在前二在後以揉其式

注兵車之式深尺四寸三分寸之二

補注式前車也記不言式較之長一在前其上三面周以式則式長九尺五寸三分寸之一也二在後其上爲較則左右較各長二尺九寸三分寸之一也

以其廣之半爲之式崇其隧之半爲之較崇

注兵車之式高三尺三寸較兩輢上出式者兵車自較而下凡五尺五寸

六分其廣以一爲之軫圍

注軫輿後橫者也兵車之軫圍尺一寸

補注輿下四面材合而收輿謂之軫亦謂之收獨以爲輿後橫者失其傳也輈人言軫間則左右名軫之證也如軫與轐弓長庇軫軫方象地則前後左右通名軫之證也

參分軫圍去一以爲式圍

注兵車之式圍七寸三分寸之一

參分式圍去一以爲較圍

注兵車之較圍四寸九分寸之八

參分較圍去一以爲軹圍軹音只

注兵車之軹圍三寸二十七分寸之七軹輢之植者衡者也與轂末同名說見前及釋車

參分軹圍去一以爲轛圍

注兵車之轛圍二寸八十一分寸之十四轛式之植者衡者也轛者以其鄉人爲名

補注鄭用牧曰較小於式者拄兩旁用力少也軹拄較下轛拄式下長短不同故轛小於軹

圜者中規方者中矩立者中縣衡者中水直者如生焉

繼者如附焉中陟仲反 直同植

注如生如木從地生如附如附枝之弘殺也

凡居材大與小無并大倚小則摧引之則絕

注并偏衺相就也用力之時其大并於小者小者強

不堪則摧也其小并於大者小者力不堪則絕也

棧車欲弇棧鉏版反 弇於檢反

注爲其無革鞔不堅易坼壞也士乘棧車

飾車欲侈

注飾車謂革鞔輿也大夫已上革鞔輿

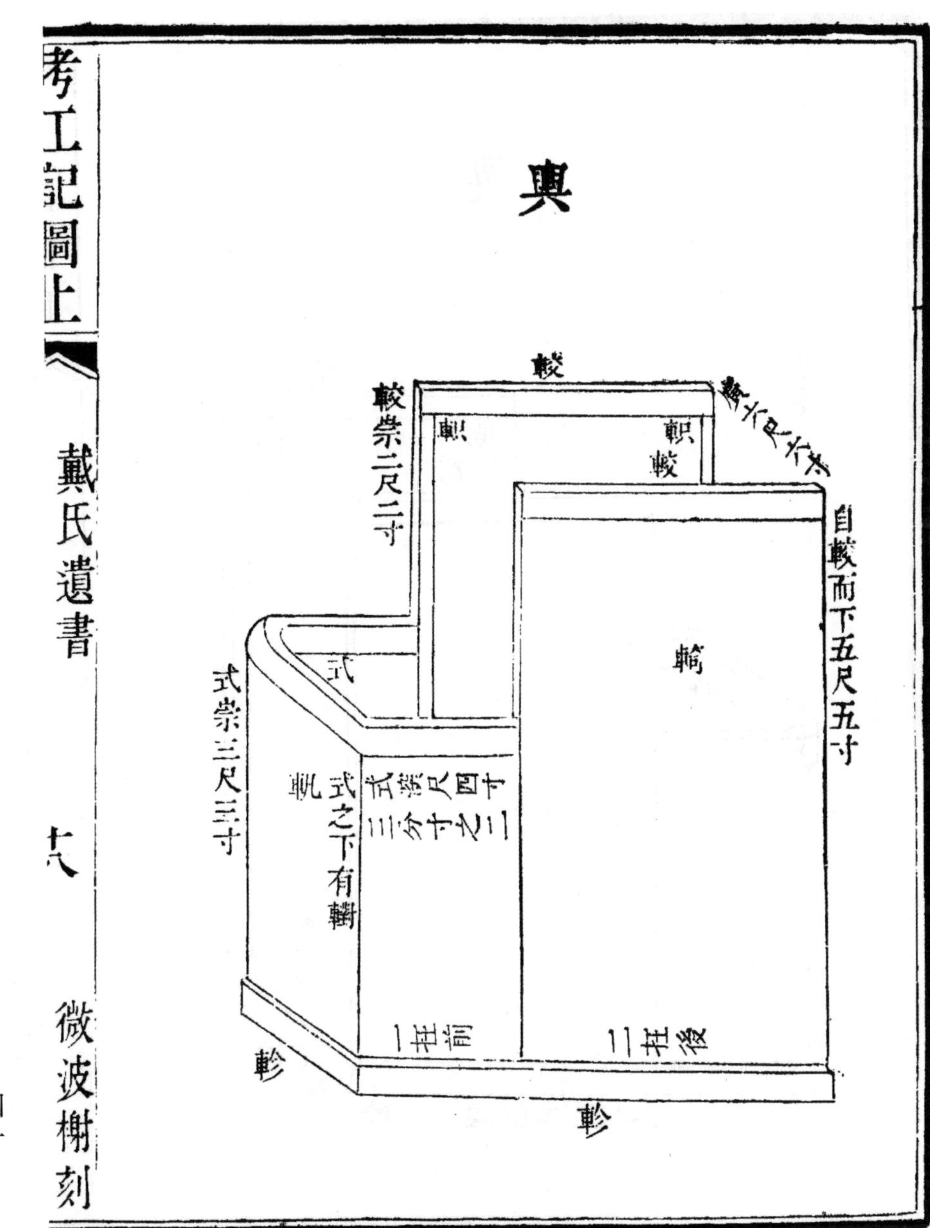
輿
較
較崇二尺二寸
廣六尺六寸
軹
軹
較
自較而下五尺五寸
輢
式
式崇三尺三寸
軓
式之下有轛
式深尺四寸三分寸之二
前柱一
後柱二
軫
軫

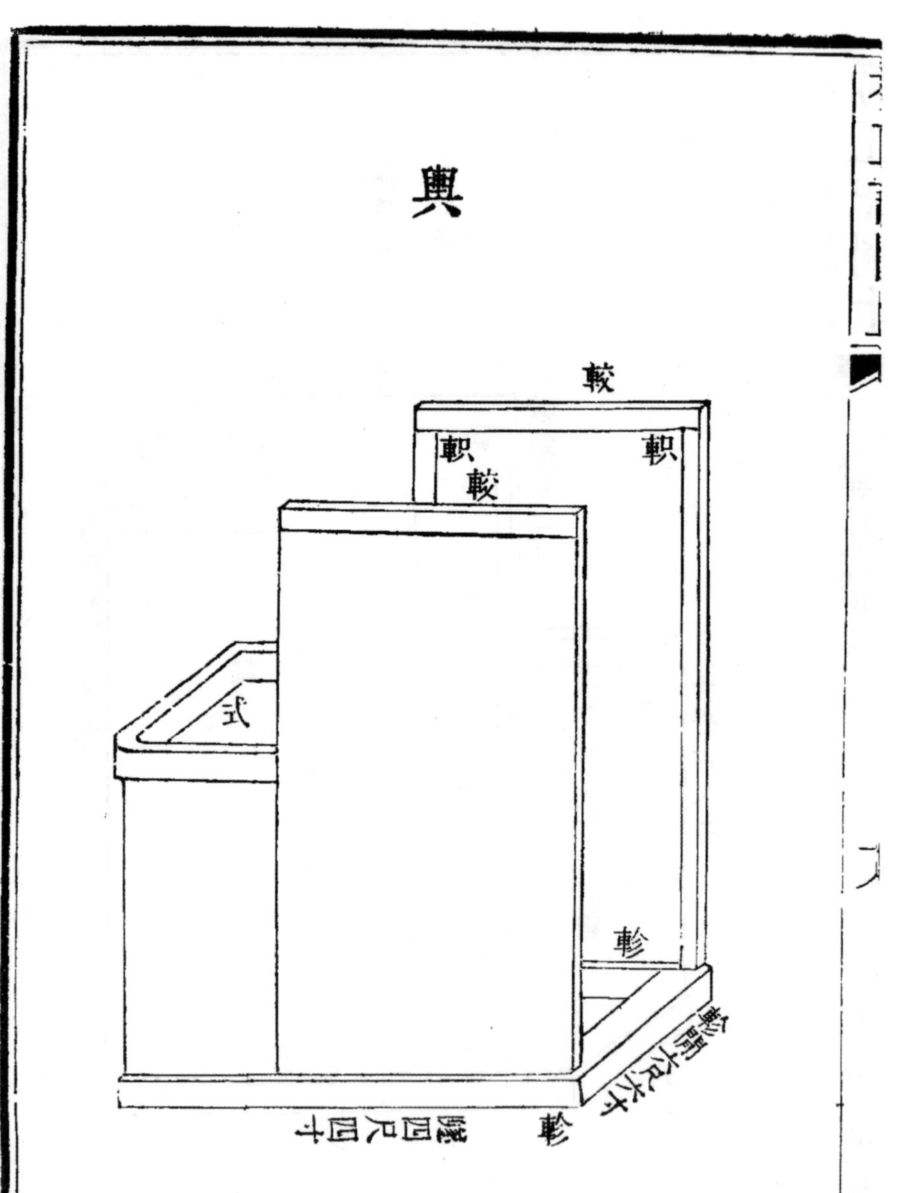
輿
較
軹
軹
較
式
軫
軫間六尺六寸
軫
隧四尺四寸

輈人爲輈輈有三度軸有三理輈張留反

注輈車轅也

國馬之輈深四尺有七寸

注國馬謂種馬戎馬齊馬道馬高八尺兵車乘車軹崇三尺有三寸加軫與轐七寸又并此輈深則衡高八尺七寸也除馬之高則餘七寸爲衡頸之閒也鄭司農云深四尺七寸謂轅曲中

田馬之輈深四尺

注田車軹崇三尺一寸半并此輈深而七尺一寸半今田馬七尺衡頸之閒亦七寸則軫與轐五寸半則

衡高七尺七寸

駑馬之輈深三尺有三寸

注輪軹與軫轐大小之減率半寸也則駑馬之車軹崇三尺加軫與轐四寸又并此輈深則衡高六尺七寸也今駑馬六尺除馬之高則衡頸之閒亦七寸

軸有三理一者以爲媺也二者以爲久也三者以爲利也軓前十尺而策半之媺美同軓書或作軋音犯

注策御者之策也鄭司農云軓謂式前也

補注車旁曰輢式前曰軓皆揜輿版也軓以揜式前故漢人亦呼曰揜軓詩謂之陰自軓至衡頸十尺據

輈穹隆言式衡之閒八尺幾半也

凡任木任正者十分其輈之長以其一爲之圍衡任者五分其長以其一爲之圍小於度謂之無任

注任正者謂輿下三面材持車正者也輈軓前十尺與隧四尺四寸凡丈四尺四寸則任正之圍尺四寸五分寸之二衡任者謂兩軛之閒也軛卽衡下烏啄兵車乘車衡圍一尺三寸五分寸之一無任言其不勝任

補注輈衡軸皆任木任正者輈也衡任者軸也衡也此先發其意下文乃舉其制記中文體若是多矣輿下之材合而成方通名軫故曰軫之方也以象地也

鄭注專以輿後橫木爲軫以輢式之所尌三面材爲軓又以軓爲任正者如其說宜記於輿人今輈人爲之殆非也輿人爲式較軹轛軫輢軓輈人爲輈衡軸伏兔記不言輢軓衡伏兔之度輢軓輿揜版爾衡圍準乎軸伏兔取節於輈當兔省文互見

五分其軫閒以其一爲之軸圍

注軸圍亦一尺三寸五分寸之一與衡任相應

補注左右軫之閒六尺六寸軸之長出轂末而以軫閒爲度者主乎任輿之六尺六寸也軸橫輿下以任輿卽所謂衡任者

十分其輈之長以其一爲之當兔之圍

注輈當伏兔者也亦圍尺四寸五分寸之二與任正者相應

補注輈所以引車也當兔在輿下正中其兩旁置伏兔車行以輈爲持任之正卽所謂任正者

參分其兔圍去一以爲頸圍

注頸前持衡者圍九寸十五分寸之九

五分其頸圍去一以爲踵圍

注踵後承軫者也圍七寸七十五分寸之五十一

凡揉輈欲其孫而無弧深今夫大車之轅摯其登又難

旣克其登其覆車也必易此無故惟輈直且無撓也是故大車平地旣節軒摯之任及其登阤不伏其轅必縊其牛此無故惟轅直且無撓也故登阤者倍任者也猶能以登及其下阤也不援其邸必緧其牛後此無故惟轅直且無撓也是故輈欲頎典孫音遜緧音秋頎苦佷反典音殄

注孫順理也大車牛車也摯輖也鄭司農云關東謂紂爲緧方言云車紂自關而東周洛韓鄭汝潁而東謂之緻或謂之曲綯或謂之曲綸自關而西謂之紂說文緧馬紂也鞦馬尾鞦也今之般緧

補注小車謂之輈大車謂之轅人所乘欲其安故小車暢轂梁輈大車任載而已故短轂直轅此假大車之轅以明揉輈使撓曲之故鄭用牧曰抑伏車轅及

逆援車箱之邸謂登下必恃牽衡助之頎典者穹隆而堅強之貌雖撓不傷其力也

輈深則折淺則負輈注則利準利準則久和則安輈欲弧而無折經而無絕

注揉之太深傷其力馬倚之則折也揉之淺則馬善負之經亦謂順理也

補注輈注謂深淺適中也輈之曲埶隤然下注則車行有利準之善利疾速也準猶定也平也

進則與馬謀退則與人謀終日馳騁左不楗行數千里馬不契需終歲御衣衽不敝此惟輈之和也楗或作券俗作倦

注輈和則久馳騁載扗左者不罷券尊者扗左

補注契需猶𦐇懦方言謂畏偄曰契需袪者衣裳之殺削幅也

勸登馬力馬力既竭輈猶能一取焉

注馬止輈尚能一前取道喻易進

補注登猶進也加也

良輈環灂自伏兔不至軓七寸軓中有灂謂之國輈

注伏兔至軓蓋如式深兵車乘車式深尺四寸三分寸之二灂下至軓七寸則是半有灂也輈有筋膠之被用力均者則灂遠鄭司農云環灂謂漆沂鄂如環

補注記反覆言輈之和濟耐久遠亦和之徵

軫之方也以象地也蓋之圜也以象天也輪輻三十以象日月也蓋弓二十有八以象星也龍旂九斿以象大火也鳥旟七斿以象鶉火也熊旗六斿以象伐也龜蛇四斿以象營室也弧旌枉矢以象弧也

注大火蒼龍宿之心其屬有尾尾九星鶉火朱鳥宿之柳其屬有星星七星伐屬白虎宿與參連體而六星營室玄武宿與東壁連體而四星覲禮曰侯氏載龍旂弧韣則旌旗之屬皆有弧也弧以張縿之幅有衣謂之韣又爲設矢象弧星有矢也蓋畫之畫矢於韣

補注斿著縿垂者也交龍鳥隼之屬皆畫於縿

輈

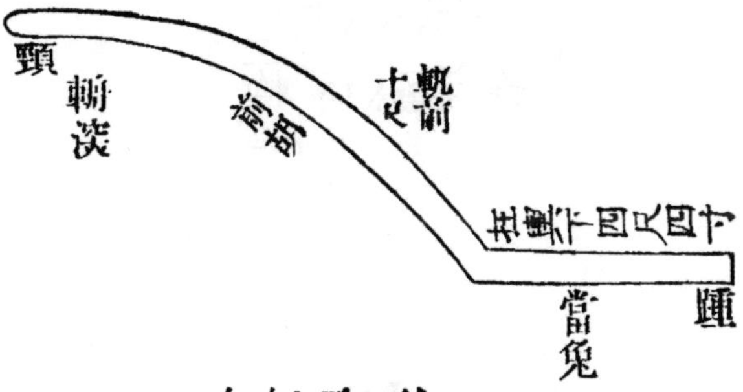

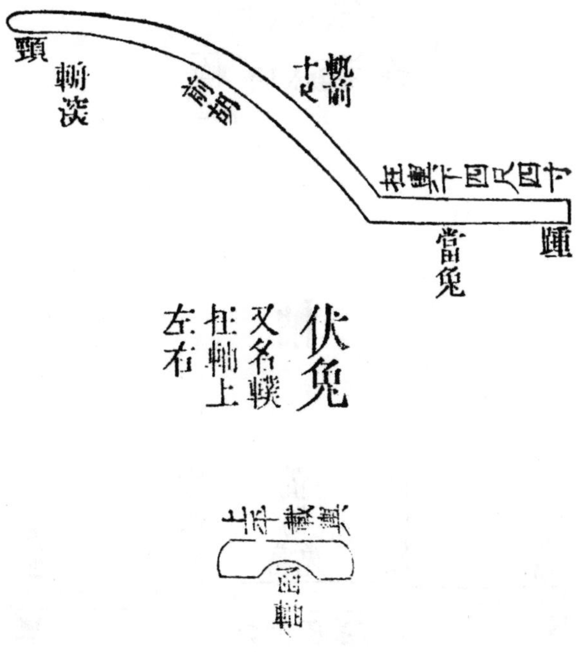

衡

長六尺六寸

軥

兩軶之閒

軥即軶

軸

設舝

置伏兔

置輈當兔

置伏兔

設舝

轊

兩轂內五尺二寸

轊

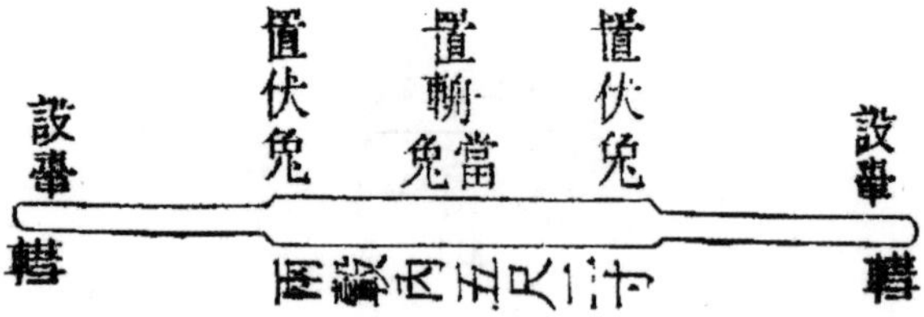

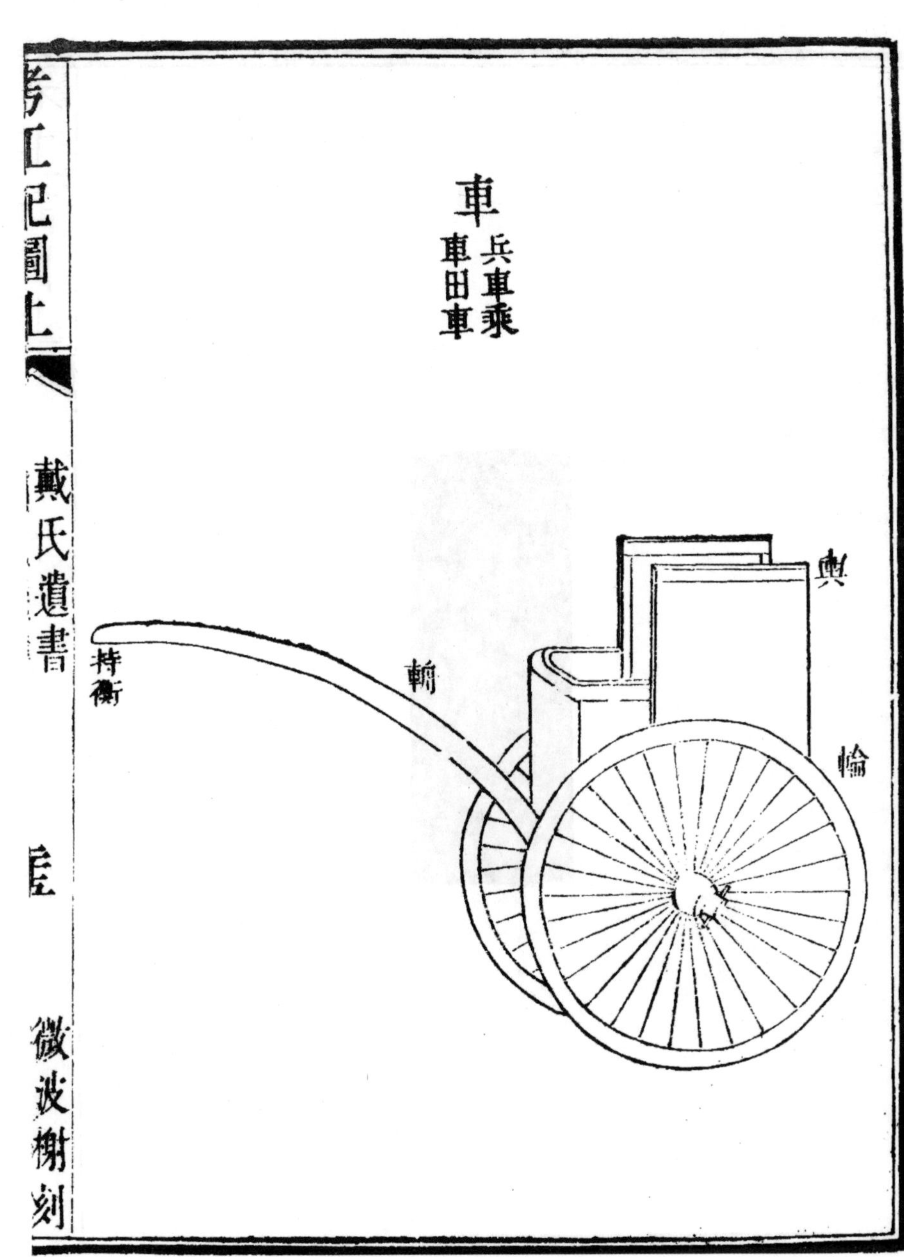

臣

微波榭刻

釋車

車式較內謂之輿大車名箱

其淺謂之隧

枕輿下謂之軫輿下四面材合而收輿者說見前方言軫謂之枕

軫謂之收詩秦風小戎俴收毛傳曰收軫也

揜輿旁謂之輢說文輢車旁也

式前謂之軓大馭右祭兩軹祭軓注故書軓爲範杜子春云軓當爲軋軋謂車軾前也輈人軓前十尺而策半之注鄭司農云軓謂式前也書或作軋玄謂軋是軓灋也謂輿下三面之材輢式之所尌持車正也少儀祭左右軌范注周禮大馭祭兩軹祭軓乃飲軓與范聲同謂軾前也詩邶風濟盈不濡軓毛傳曰由輈已上爲軓今詩軓作軌以合韻改之也說文軓車軾前也从車凡聲周禮曰立當前軓今周禮大行人作前矦又譌爲疾與說文所引不同軓輿輢皆輿揜版輢之言倚也兩旁人所倚也軓之言範也範圍輿前也後鄭說誤辨見前

軓謂之陰詩秦風陰靷鋈續毛傳曰陰揜軓也鄭箋曰揜軓扗軾前垂輈上釋名陰蔭也橫側車前以蔭笭也按式前揜版直曰軓累呼之曰揜軓如約轂革直曰軝累呼之曰約軝

緬輢上者謂之較左右兩較望之而重故衛風曰猗重較兮毛傳重較卿士之車因詩辭傳會爾非禮制也

輿前卑於較者謂之式說文軾車前也曲禮疏古者車箱長四尺四寸而三分前一後二橫一木下去車牀三尺三寸謂之爲式又於式上二尺二寸橫一木謂之爲較較去車牀凡五尺五寸此條尺寸本之考工記而所言式較形制則大謬今各經傳注引呂氏大鈞說實曲禮疏之文學者麤涉文義見其明曉又尺寸有據不復深思詳考於是爲車制一大障蔽姜氏兆錫曰三分車深而一前二後者式扗車中其前一尺四寸三分寸之二而餘爲後也說同曲禮疏尤顯指式扗車中苟如其說四尺四寸之輿於今尺不盈三尺乃以式較隔斷其中爲礙已甚有是理乎式與較皆車闌上之木周於輿外非橫扗輿中較有兩扗兩旁式有三面故說文槩言之曰車前鄭康成則曰兵車之式深尺四寸三分寸之二若橫一木不得有深矣式卑於較者以便車前射御執兵亦因之伏以式敬

車闌謂之軨曲禮僕展軨效駕釋文軨盧云車轄頭靼也舊云車闌也說文軨車轖間橫木轖車籍交錯也楚辭九辯倚結軨兮長太

息涕潺湲兮下霑軾集注軨軾下從橫木按軨者軾較下從橫木統名卽考工記之軹轛也結軨謂軨之衡從交結倚軨而涕霑軾則是倚於輢版內之軨故其涕得下霑軾盧植轄頭靼之說乃因漢時路車之轄施小旛謂之飛軨遂以解經爾古無是名也

輢內之軨謂之軹 軹之言積也積者木小枝交結也

式下人所對謂之轛

輪輮謂之牙牙謂之輞 釋名輞罔也罔羅周輪之外也關西曰輮言曲輮也或曰輾輾緜也緜連其外也

輪轑謂之輻輻近轂謂之股近牙謂之骹

輻端之枘建轂中者謂之菑菑沒鑿謂之弱建牙中者謂之蚤

以偏枘入牙而出之謂之綆 綆箅聲相邇故漢時呼爲輪箅說文箅蔽也所以蔽甑底甑箅中央隆高而周圍箅下輪之輻股近內而牙稍出似之賈疏云鑿牙之時其孔向外侵三分寸之二使輻股外箅此說誤也鄭注計徹廣必加綆之數以牙外出不與輻

股鑿相當牙所以外出之故牙上之鑿未嘗偏輻蚤用偏枘曲剡其內爾若鑿牙時外侵則牙反內入況牙厚不盈二寸鑿空復偏必削薄不固

轂空壺中所以受軸謂之轢急就篇輻轂輨轄輮軝轢顏師古注轢者轂中之空受軸處也

轢謂之藪轢藪語之轉後人誤以藪爲三十輻所建非也輻菑所入謂之鑿不謂之藪

以金裹轂中謂之釭說文釭車轂中鐵也釋名釭空也其中空也

大釭謂之賢

轂末小釭謂之軒今並作軹與輢內之軹溷淆非也大馭右祭兩軹祭軌注故書軹爲軒杜子春云軒當作軹軹謂兩轊也或讀軒爲簪笄之笄少儀祭左右軌范注周禮大馭祭兩軹祭軌乃飲軌與軹於車同謂轊頭也按少儀之左右軌卽大馭之兩軹軹本作軒譌而爲軌軌軒二字少見非改爲軹卽譌爲軌學者麤涉古經未能綜貫宜其不辨陸德明孔穎達諸儒亦時時雜出謬解則未有定識故也軒從車开聲讀如笄轂末也軌從車凡聲讀如范式前也軌從車九聲古音居酉反今音居洧反車徹也軹從車只聲讀如只輢內也軹間六尺六寸軌八尺軒相去丈一尺六寸兩轊又拄軒外轂末爲軒軸末爲轊祭軌則兼軔祭左右軒則兼軸不可以軸末之轉爲軒名之宜辨者也

轂端錔謂之輨以鐵爲管約轂外兩端說文輨轂端沓也急就篇顏師古注輨轂端之鐵也

輨謂之軑離騷齊玉軑而竝馳方言關之東西曰輨南楚曰軑趙魏之間曰錬鏅說文軑車輨也

以革幬轂謂之軧說文亦作軝從革小雅約軝錯衡毛傳曰軝長轂之軝也朱而約之疏誤以軝爲長轂名非也軝即考工記幬革朱而約之者朱其革以幬於幹也惟長轂盡飾大車短轂則無飾故曰長轂之軝

軸末謂之轊史記田單列傳燕師長驅平齊而田單走安平令其宗人盡斷其軸末而傅鐵籠已而燕軍攻安平城壞齊人走爭塗以轊折車敗爲燕所虜惟田單宗人以鐵籠故得脫方言車轊齊謂之韏說文軎車軸耑也亦作轊按軸長出轂外者名轊傅鐵籠謂以鐵爲轊故可短

軸當轂釭參之以金謂之鐧說文鐧車軸鐵也釋名鐧閒也閒釭軸之間使不相摩也

軸端之鍵以制轂者謂之舝亦作轄鎋幹行車者脂釭中以利轉又設舝以制轂邶風載脂載舝小雅間關車之舝兮淮南子車之能轉千里者其要在三寸轄說文舝車軸端鍵也轄車聲也一曰鍵也急就篇注轄豎貫軸頭制轂之鐵也

伏兔謂之轐易小畜九三輿說輻大畜九二輿脫輹大壯九四壯于大輿之輹說文轐車伏兔也輹車軸縛也釋名屐似人屐也又曰

伏兔拄軸上似之也又曰輹輹伏也伏於軸上也按轐輹實一字其下有革以縛於軸今易惟小畜作輻蓋輹字少見傳寫者誤輻拄轂與牙之閒非可脫者又當連輪言不當連輿言後人不知輹何物於大壯大畜皆作輻解矣

輿下任正者謂之輈大車名轅

輈出軓前穹而上謂之胡胡謂之矦大行人立當前疾注上公立當軹矦伯立當疾子男立當衡王立當軫與鄭司農云前疾謂駟馬車轅前胡下垂拄地者惠入牧曰論語邢昺疏引周禮作前矦云矦伯立當前矦胡下又小雅蓼蕭章孔疏引大行人亦作前矦矦猶胡也故鄭注訓為胡以其拄軓前故曰前矦

輈端謂之頸後謂之踵當兩轐之閒謂之當兔

軛謂之衡衡下烏啄謂之軥左傳襄十四年射兩軥而還服注車軛兩邊叉馬頸者杜注車軛卷者昭二十六年射之中楯瓦繇朐汰輈七入者三寸杜注入楯瓦也朐車軛說文軥軛下曲者小爾雅衡扼也扼上者謂之烏啄釋名馬曰烏啄下向叉馬頸似烏開口向下啄物時也

所以持衡者謂之軏 亦作転大車名輗論語大車無輗小車無軏其何以行之哉包咸注輗者轅端橫木以縛軛軏者轅端上曲鉤衡其說誤也韓非子外儲說墨子曰吾不如爲車輗者巧也用咫尺之木不費一朝之事而引三十石之任說文軏車轅耑持衡者輗大車轅耑持衡者按大車鬲以駕牛小車衡以駕馬轅端持鬲其關鍵名輗轅端持衡其關鍵名軏軥轅所以引車必施輗軏然後行信之在人亦交接相持之關鍵故以輗軏喻信軥身上曲上曲非別一物大車之鬲卽橫木橫木卽輗包氏以踰丈之軥六尺之鬲而當咫尺之輗軏疎矣

車蓋之杠謂之桯蓋斗謂之部其柄謂之達常

隆屈謂之弓 亦名蓋橑方言車枸簍宋魏陳楚之閒謂之筱或謂之䉂籠其上約謂之筠或謂之篢秦晉之閒自關而西謂之枸簍西隴謂之榼南楚之外謂之篷或謂之隆屈郭注卽車弓也今亦通呼篷釋名隆強言體隆而強也或曰車弓侶弓曲也其上竹曰郞疏相遠晶晶然也

弓近部謂之股弓末謂之蚤

大車之較謂之牝服其內謂之箱 輿有式較卑高之分箱則其上齊平

所以引車謂之轅 釋名轅援也車之大援也

輗謂之鬲持鬲者謂之輗說見軏下

輪輾謂之渠小車所謂牙

有輻謂之輪無輻謂之輇說文有輻曰輪無輻曰輇按雜記輲車鄭注引說文解之謂輲讀爲輇又引周禮蜃車謂蜃輇聲相近其制同輇崇半乘車之輪又於喪大記君大夫葬用輴士用國車謂輴與國皆爲輇今考大夫廟中有載柩以輴之禮用輴用國車皆謂朝廟載柩之車國車卽輁軸也既朝廟然後用輲車載柩以行鄭氏不以爲葬之朝廟故誤爾惟周禮之蜃車卽輲車蜃乃假借字輲其本字也輲車四輪而迫地其輪無輻然鄭氏以爲卽輇亦非也

輲者車之名輇者輪之名不宜溷而一之

攻金之工築氏執下齊冶氏執上齊鳧氏爲聲㮚氏爲量段氏爲鎛器桃氏爲刃齊才細反段鍛古字通丁亂反

注多錫爲下齊大刃削殺矢鑒燧也少錫爲上齊鍾鼎斧斤戈戟也聲鍾錞于之屬量豆區鬴也鎛器田器錢鎛之屬刃大刃刀劒之屬

金有六齊六分其金而錫居一謂之鍾鼎之齊五分其金而錫居一謂之斧斤之齊四分其金而錫居一謂之戈戟之齊參分其金而錫居一謂之大刃之齊五分其金而錫居二謂之削殺矢之齊金錫半謂之鑒燧之齊

注鑒燧取水火於日月之器也鑒亦鏡也凡金多錫

則忍白且明也忍音刃

補注金謂銅錫謂鉛

築氏爲削長尺博寸合六而成規

注今之書刀

欲新而無窮

注謂其利也鄭司農云常如新無窮已

檄盡而無惡

注鄭司農云謂鋒鍔俱盡不偏索也玄謂刃也脊也

其金如一雖至檄盡無瑕惡也

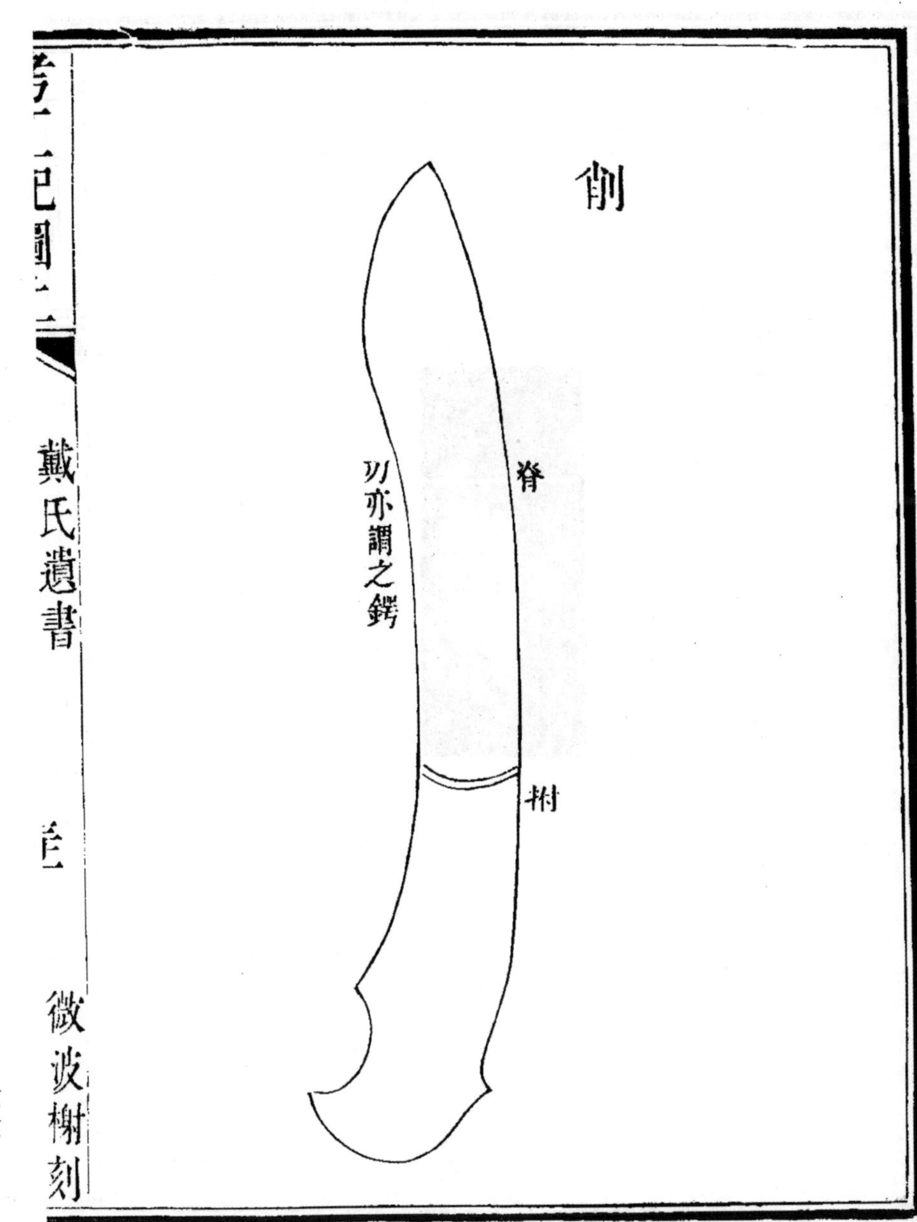
削
脊
刃亦謂之鍔
柎

冶氏爲殺矢刃長寸圍寸鋌十之重三垸鋌徒頂反垸音丸

注殺矢用諸田獵之矢也鄭司農云鋌箭足入稾中者也垸量名

補注矢匕中博刃長寸自博處至鋒也矢人參分其羽以設其刃刃長二寸通謂匕爲刃也圍寸不言博言圍者矢匕有脊之減博不及一寸垸者十一銖二十五分銖之十三

戈廣二寸內倍之胡三之援四之

注戈今句孑戟也或謂之雞鳴或謂之擁頸內謂胡以內接柲者也長四寸胡六寸援八寸鄭司農云援

直刃也胡其孑

補注內連於援爲一直刃記分胡以內爲內胡以外爲援欲見置胡前卻之度胡廣二寸橫刃長六寸援之廣寸有半寸與

已倨則不入已句則不決長內則折前短內則不疾是故倨句外博

注戈句兵也主於胡也已倨謂胡微直而衺多也以啄人則不入已句謂胡曲多也以啄人則創不決胡之曲直鋒本必橫而取圜於磬折前謂援也內長則援短援短則曲於磬折曲於磬折則引之與胡並鉤

內短則援長援長則倨於磬折倨於磬折則引之不疾博廣也倨之外胡之裏也句之外胡之表也廣其本以除四病而便用也俗謂之曼胡佀此疏云倨謂胡上句謂胡下倨與句者有外廣故云倨之外胡之裏謂於胡下近本增之使廣句之外胡之表謂於胡上近本增之使廣若然則胡本上下俱寬自然合於磬折無上四疾而便用矣江先生曰分胡爲二關處爲本上半順看倨之外畔拄右爲裏下半倒看亦置本拄下則句之外畔拄左爲表注中表裏字葢取諸此又曰倨與句之背皆爲外對刃之灣處爲內也倨句之博處爲本對銳處爲末也

補注長內謂胡上仰短內謂胡下俛胡以背連直刃處爲外倨句外博者曲直之度但於外增博之自無太倨太句之失而俛仰亦得其正鄭注倨句外博爲胡上下與已倨已句異佀未然

重三鋝音刷所劣反字或作率選撰饌並六書假借

注許叔重說文解字云鋝鍰也說文鍰鋝也从金爰聲虞書曰罰百鍰鋝十銖二十五分銖之十三也从金寽聲周禮曰重三鋝北方以二十兩爲鋝今東萊稱或以太半兩爲鈞十鈞爲鍰譌作環者非鍰重六兩太半兩鍰鋝佀同矣則三鋝爲一斤四兩疏云鋝鍰輕重無文故王肅之徒皆以六兩爲鍰是以鄭引許氏及東萊稱爲證也凡數言太者皆三分之二爲太三分之一爲少以一兩二十四銖十六銖爲太半兩也鍰則百六十銖用百四十四銖爲六兩餘十六銖爲太半兩尚書呂刑其罰百鍰僞孔傳六兩曰鍰釋文馬云賈逵說俗儒以鋝重六兩周官劒重九鋝俗儒近是疏曰或有存行之者十鈞爲鍰二鍰四鈞而當一斤然則鍰重六兩三分兩之二多於孔王所說惟較十六銖爾史記周本紀其罰百率徐廣曰率卽鍰也音刷平準書白選索隱曰尚書大傳云夏后氏不殺不刑死罪罰二千饌馬融云饌六兩漢書作撰二字音同也蕭望之劉傳甫刑之罰小過赦薄罪贖有金選之品應劭曰選音刷金銖兩名也師古曰音刷是也字本作鋝鋝卽鍰也其重十一銖二十五分銖之十三一曰重六兩

補注鍰鋝篆體易譌說者合爲一恐未然也鍰讀如

丸十一銖二十五分銖之十三垸其假借字也鋝讀如刷六兩太半兩率選饌其假借字也二十五鍰而成十二兩三鋝而成二十兩呂刑之鍰當爲鋝故史記作率漢書作選伏生大傳作饌弓人膠三鋝當爲鍰一弓之膠三十四銖二十五分銖之十四賈逵說俗儒以鋝重六兩此俗儒相傳譌失不能覈實脫仌太半兩言之說文云北方以二十兩爲鋝正合三鋝蓋脫太仌三字徐本說文鋝十銖二十五分銖之十三蜀本及陸德明所引竝作十一銖徐本蓋脫仌一字說文既引周禮重三鋝當云北方以二十兩爲三鋝是以鄭注引說文證三鋝爲一斤四兩

戟廣寸有半寸內三之胡四之援五之倨句中矩與刺

重三鋝中陟仲反

注戟今三鋒戟也內長四寸半胡長六寸援長七寸半三鋝者胡直中矩言正方也刺者著柲前如鐏者也戟胡橫貫之胡中矩則援之外句磬折與

補注引而前者曰援枉旁下垂者曰胡戈一援戟二援也中直援又名刺與枝出之援同長七寸半內連於刺爲一直刃通長尺二寸猶夫戈之直刃通長尺二寸也戈援廣寸半猶夫戟廣寸半也省文互見

矢

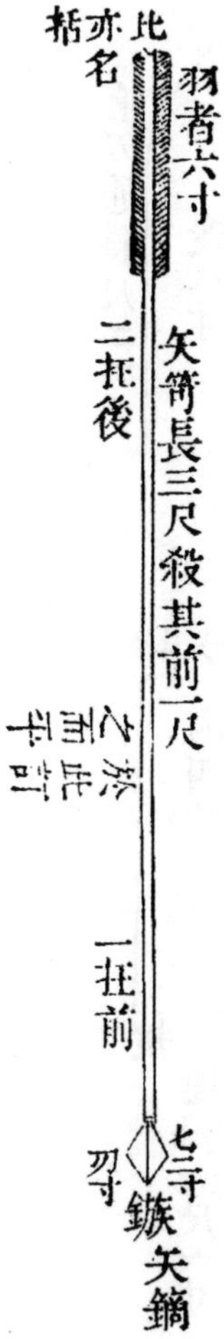

比亦名括

羽者六寸

矢笴長三尺殺其前一尺

二在後

於此訂之而平

一在前

七二寸

刃寸

鏃 矢鏑

戈

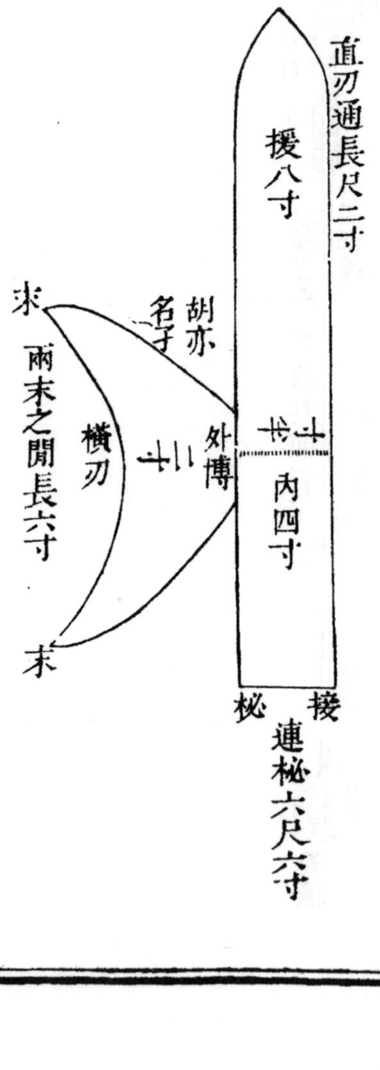

直刃通長尺二寸
援八寸
胡亦名子
外博
內四寸
兩末之間長六寸
橫刃
末
末
柲
援
連柲六尺六寸

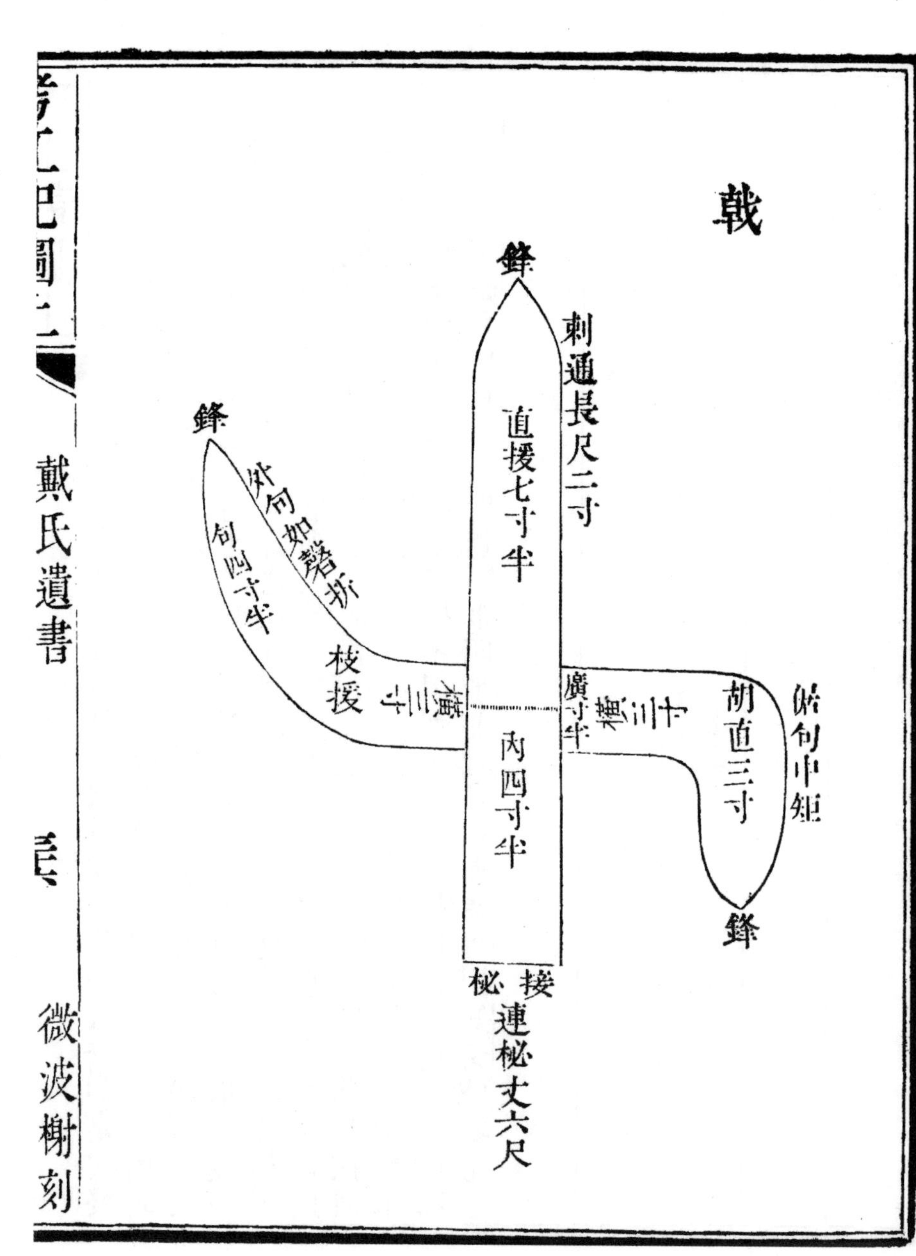
戟
鋒
刺通長尺二寸
直援七寸半
鋒
外句如磬折
句四寸半
枝援
橫三寸
廣寸半
橫三寸
內四寸半
胡直三寸
倨句中矩
鋒
接
柲
連柲丈六尺

江先生曰戈戟皆有曲胡而異用以春秋傳考之獲長狄僑如富父終甥椿其喉以戈殺之此用援之直刃摏之也狼瞫取戈以斬囚此用胡之曲刃斬之也子南以戈擊子晳而傷苑何忌制林雍斷其足當亦是戈胡擊之制之他若士華免以戈殺國佐長魚矯以戈殺駒伯用援用胡皆可云殺子都拔棘逐潁考叔靈輒倒戟禦公徒皆疑用戟之刺與援者也狂狡倒戟出鄭人於井反爲鄭人所獲欒樂乘槐本而覆或以戟句之斷肘而死皆用下胡鉤人者也戟胡橫直皆三寸其閒甚狹何能鉤人出於井蓋鉤其衣若帶是以其人不傷反能禽鉤者也鉤欒樂斷肘而死蓋本欲生禽之故不用刺與援而用胡以鉤之鉤之而胡之下鋒貫肘曳之而肘遂斷也明乎戈戟之用而後可以知戈戟之形

桃氏為劒臘廣二寸有半寸

注臘謂兩刃

補注劒兩刃兩脊分其面為四通謂之臘其面平故言廣廣卽圍也

兩從半之

注鄭司農云謂劒脊兩面殺趨鍔自劒背中分之為兩從從舉兩面則臘舉四面明矣

以其臘廣為之莖圍長倍之

注鄭司農云莖謂劒夾人所握鐔已上也玄謂莖在夾中者莖長五寸刃後之鋌曰莖以木傅莖外便持握者曰夾

中其莖設其後

補注後謂劍環即鐔也拄人所握之下故名後與人所握之上名首相對之稱也中其莖設其後者鐔大於莖令莖拄中而設之不偏左右也設其後猶之曰設其旋設其羽爾

參分其臘廣去一以爲首廣而圍之

注首圍其徑一寸三分寸之二首必大於劍刃故知臘廣舉四面

身長五其莖長重九鋝謂之上制上士服之身長四其莖長重七鋝謂之中制中士服之身長三其莖長重五鋝謂之下制下士服之

注上制長三尺重三斤十二兩中制長二尺五寸重

二斤十四兩三分兩之二下制長二尺重二斤一兩三分兩之一此今之匕首也人各以其形貌大小帶之

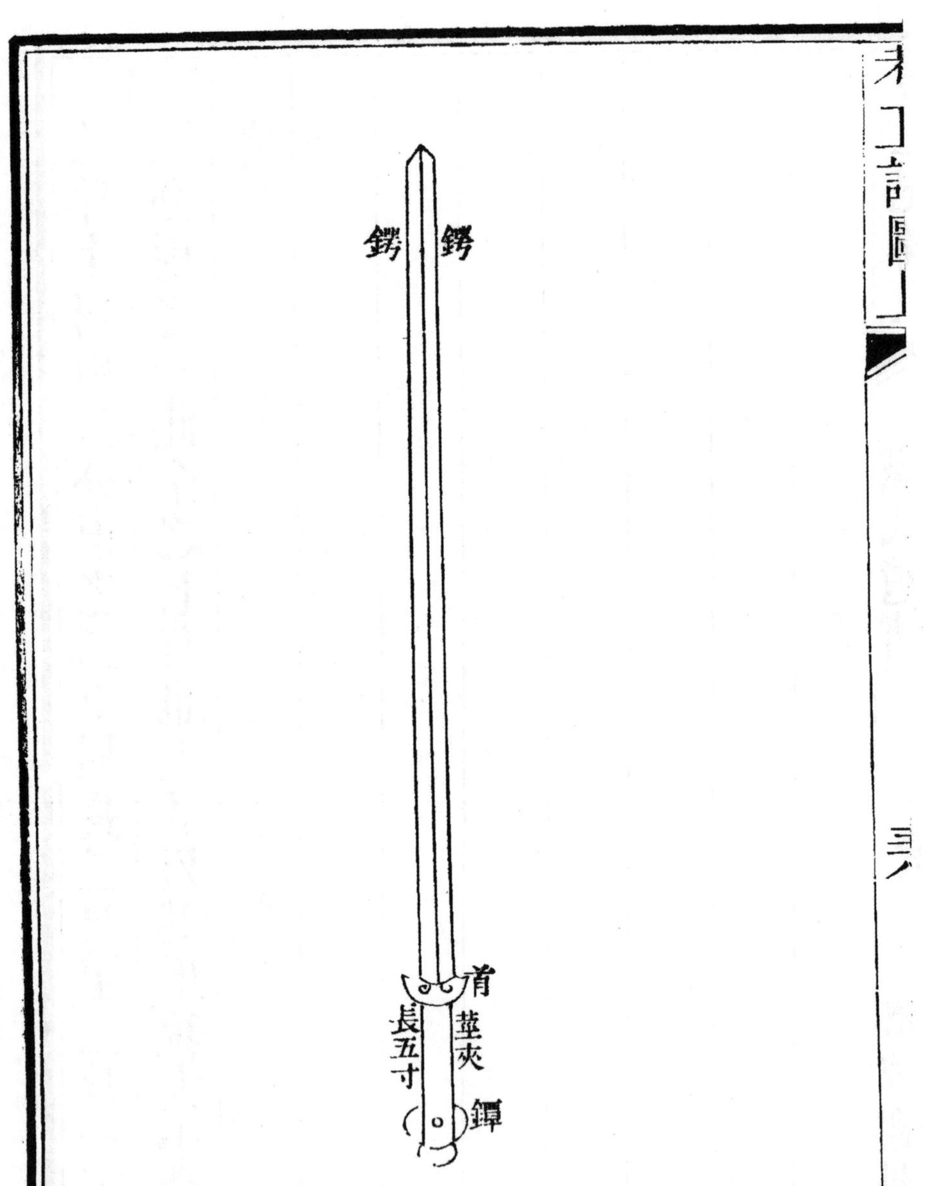

鍔
鍔
首
莖夾
長五寸
鐔

鳧氏爲鍾兩欒謂之銑欒力端反銑先典反

注杜子春云銑鍾口兩角疏云古之樂器應律之鍾狀如今之鈴不圜故有兩角也

銑閒謂之于于上謂之鼓鼓上謂之鉦鉦上謂之舞鉦音征

注此四名者鍾體也鄭司農云于鍾唇之上袪也鼓所擊處

舞上謂之甬甬上謂之衡

注此二名者鍾柄

鍾縣謂之旋旋蟲謂之斡

注旋屬鍾柄所以縣之也鄭司農云旋蟲者旋以蟲爲飾也玄謂今時旋有蹲熊盤龍辟邪

鍾帶謂之篆篆閒謂之枚枚謂之景

注鄭司農云枚鍾乳也

補注篆也枚也皆在鉦

于上之攠謂之隧攠莫賀反

注攠所擊之處攠獘也隧在鼓中窐而生光有侶夫隧

十分其銑去二以爲鉦

補注銑與鉦之脩也古鍾體羨而不圜故有脩有廣橢圜大徑爲脩小徑爲廣以舞脩六廣四例之脩十者其廣六又三之二脩八者其廣五又三之一鍾體

下大上歛銑之脩廣據銑下鍾口也鉦之脩廣據鉦下界於銑鼓之處當鍾體之半也

以其鉦爲之銑閒厺二分以爲之鼓閒

補注銑閒鼓閒同爲鍾體之下半銑以兩旁言鼓以中擊處言兩旁有垂角鍾脣穹曲而上不齊平故中殺於旁四之一

以其鼓閒爲之舞脩厺二分以爲舞廣

補注舞者鍾體上覆其脩六是爲橢圓大徑其廣四是爲橢圓小徑鍾之羨宜準此爲度矣

以其鉦之長爲之甬長以其甬長爲之圍參分其圍厺

一以爲衡圍參分其甬長二在上一在下以設其旋

補注鉦之長卽鉦閒鍾體上半也記不言鉦閒之度者以十分其銑去二以爲鉦又去二以爲舞脩舞廣以二銑閒八鉦閒亦八可知此句殷之瀀猶之言舞脩舞廣而鉦與銑之羨可不言也省文之瀀若此甚衆衡者甬頂平處鍾體鍾柄皆下大漸斂而上甬之爲言如萃甬之聳長蠶化甬甬化蛾形亦相類故甬長與鉦等宋宣和閒所得古鍾其柄之長大率二爲鍾體一爲鍾柄記長甬則震謂叓長乎是乃震掉爾

薄厚之所震動清濁之所由出侈弇之所由興有說鍾

已厚則石已薄則播侈則柞弇則鬱長甬則震[柞側百反]

注太厚則聲不發太薄則聲散柞讀爲咋咋然之咋聲大外也

是故大鍾十分其鼓閒以其一爲之厚小鍾十分其鉦閒以其一爲之厚

補注大鍾鍾體大矣十取一以爲厚者恐太厚故取之鼓閒小鍾鍾體小矣十取一以爲厚者恐太薄故取之鉦閒此鉦閒宜寬於鼓閒之明證也

鍾大而短則其聲疾而短聞[聞音問]

注淺則躁躁易竭也

鍾小而長則其聲舒而遠聞

注深則安安難息 疏云於樂器中所擊縱聲舒而遠聞亦不可是以樂記云止如槁木不欲遠聞之驗也

爲遂六分其厚以其一爲之深而圜之 遂當作隧

注厚鍾厚深謂窐之也其窐圜

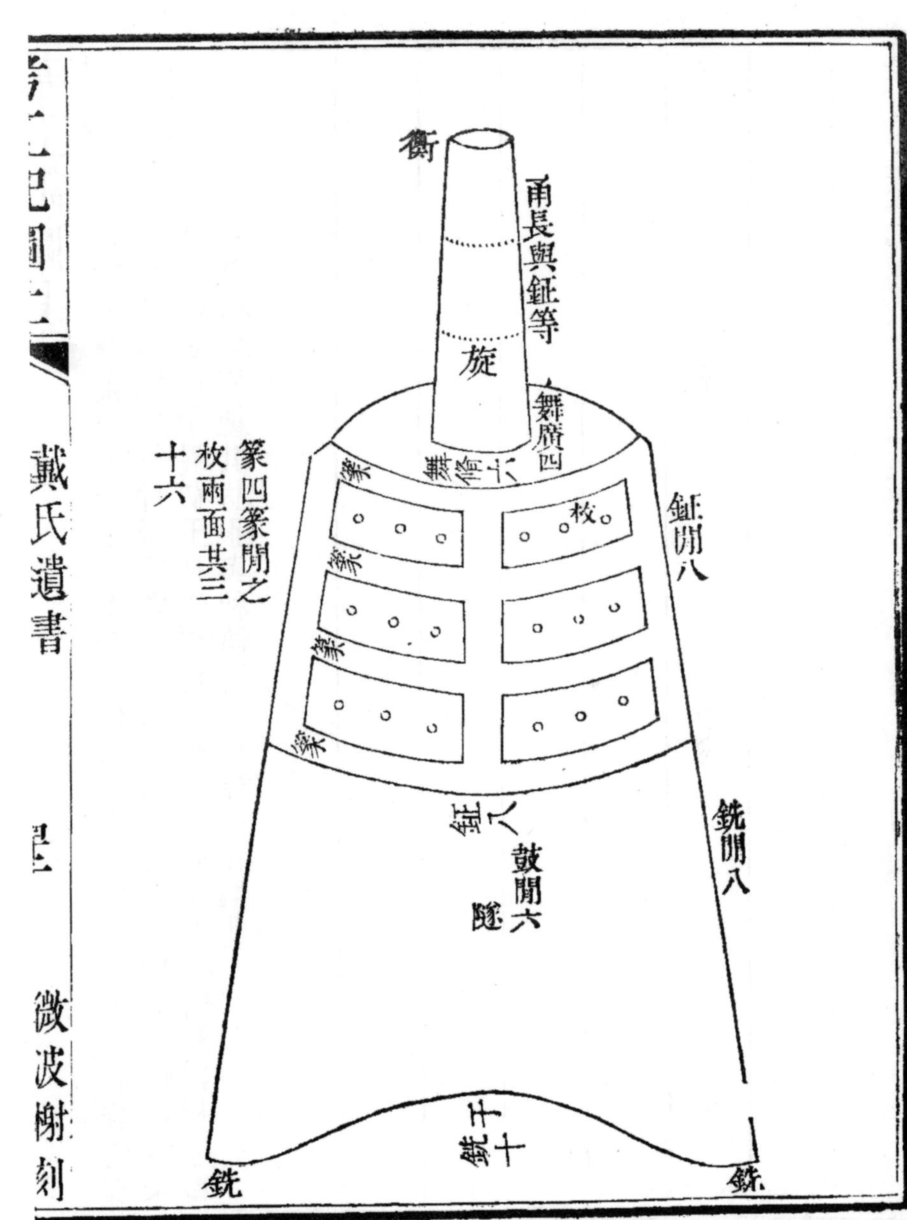

衡
甬長與鉦等
旋
舞廣四
舞脩六
篆四篆閒之
枚兩面共三
十六
篆
枚
鉦閒八
鉦八
鼓閒六
隧
銑閒八
于
銑十
銑

古之樂鍾羨而不圜皆有篆閒之枚故其聲一定而不游記言舞脩舞廣則鉦與銑之羨皆以舞側之其殺三之一也歐陽氏集古錄曰古樂鍾皆側縣與今異初王朴作編鍾不圜至李照等奉詔脩樂以朴鍾爲非及得寶和鍾其狀正與朴鍾同乃知朴爲有灋也

㮚氏爲量改煎金錫則不秏不秏然後權之秏俗作耗

注消湅之精不復減也量當與鍾鼎同齊工異者大器

權之然後準之

補注以合度之方器承水置金其中則金之方積可計而其體之重輕大小可合而齊此準之之灋也

準之然後量之量讀如量人之量

補注量範之大小所受以爲用金多少之量數也先權之以知輕重次準之以知輕重若干爲方積幾何又次量之以知爲器大小受金多寡

量之以爲鬴深尺內方尺而圜其外其實一鬴

注以其容爲之名也四升曰豆四豆曰區四區曰鬴鬴六斗四升也鬴十則鍾方尺積千寸此立方之灋於今粲米灋少二升八十一分升之二十二疏云算灋方一尺深尺六寸二分容一石其數必容鬴此言內方尺而圜其外者謂之脣

其臀一寸其實一豆臀徒門反

注杜子春云謂覆之其底深一寸也

其耳三寸其實一升

注耳在旁可舉也

重一鈞

注重三十斤

其聲中黃鍾之宮中陟仲反

補注黃鍾之宮管子所謂黃鍾小素之首以成宮者是也見地員篇呂氏春秋曰黃鍾之宮聲之本也淸濁之衷也見適音篇又曰昔黃帝令伶倫作爲律自大夏之西乃之阮隃之陰取竹於嶰谿之谷以生空竅厚鈞者斷兩節閒其長三寸九分當作四寸五分而吹之以爲黃鍾之宮吹曰舍少次制十二筒以之阮隃之下聽鳳皇之鳴以别十二律其雄鳴爲六雌鳴亦六以比黃鍾之宮適合黃鍾之宮皆可以生之故曰黃鍾之宮律呂之本

見古樂篇又曰黃鍾生林鍾林鍾生太簇太簇生南呂南呂生姑洗姑洗生應鍾應鍾生蕤賓蕤賓生大呂大呂生夷則夷則生夾鍾夾鍾生無射無射生仲呂三分所生益之一分以上生三分所生去其一分以下生黃鍾大呂太簇夾鍾姑洗中呂蕤賓爲上林鍾夷則南呂無射應鍾爲下見音律篇爲上謂七者以半律上生爲下謂五者以全律下生月令中央土其音宮律中黃鍾之宮疏云蔡氏及熊氏以爲黃鍾之宮謂黃鍾少宮也半黃鍾九寸之數管長四寸五分蔡氏熊氏者蔡邕月令章句熊安生禮記義疏江先生曰黃鍾生林鍾不以全律下生而以半律上生則黃鍾之宮位乎淸濁之閒

拄其前者有林鍾夷則南呂無射應鍾五全律爲濁而下生乎淸拄其後者有大呂太簇夾鍾姑洗仲呂蕤賓六半律爲淸而上生乎濁也又曰後世之樂黃鍾宮以淸黃爲調首正宮調不當最濁之律而在淸濁之閒此正伶倫以黃鍾之宮爲律本之意亦聲律自然之理震謂後儒惟知黃鍾爲最長之律於傳記所稱黃鍾之宮不復識别久矣其說非專書不可明兹附見其略（江先生名永字愼修著律吕新義）

槷而不稅（槷古叓反稅脫古字通）

補注平鬴區者曰槷方希原曰稅者脫然突起高於

量也言槩平之不使滿出

其銘曰時文思索允臻其極嘉量既成以觀四國永啟厥後茲器維則

注銘刻之也時是也言是文德之君思求可以爲民立灋者而作此量以觀示四方使放象之

凡鑄金之狀金與錫黑濁之氣竭黃白次之黃白之氣竭青白次之青白之氣竭青氣次之然後可鑄也

注消湅金錫精麤之候

量

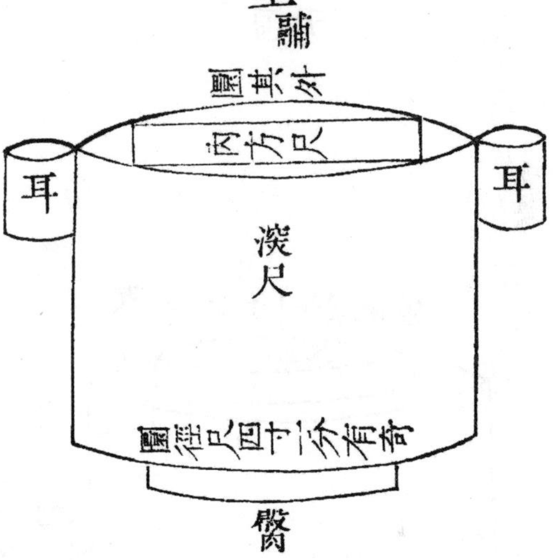

鬴

圜其外

內方尺

耳

耳

深尺

圜徑尺四寸一分有奇

臀

方希原曰即夏書所謂和鈞也此器兼律度量衡方尺深尺則度也實一鬴則量也重一鈞則衡也聲中黃鍾之宮則律也內方外圜則方圜冪積少廣旁要之理賅而具也

凡圜內容方方內又容圜則內圜得外圜之半外圜得內圜之倍方內容圜圜內又容方則內方得外方之半外方得內方之倍方徑縱橫各自乘幷之爲實開方除之是爲外圜徑

量

豆升

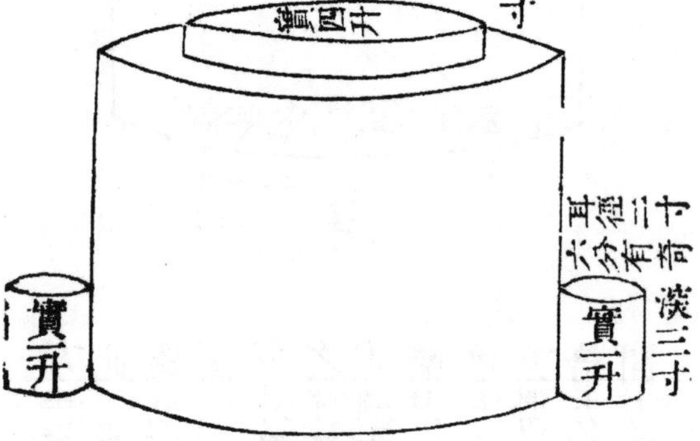

鬴徑九十一分有奇

深一寸

實四升

耳徑二寸六分有奇

深三寸

實一升

實一升

覆之鬴以為豆耳以為升

段氏闕

函人爲甲犀甲七屬兕甲六屬合甲五屬屬讀如灌注之注之封反合音閤

注屬謂上旅下旅札續之數也革堅者札長鄭司農

云合甲削革裏肉但取其表合以爲甲

補注合之爲言取重堅相并字亦作韐惠天牧曰韐

猶堅也荀子犀兕鮫革韐如金石管子小匡注韐革重革當心著之可以禦矢

犀甲壽百年兕甲壽二百年合甲壽三百年

注革堅者又支久

凡爲甲必先爲容

注服者之形容也鄭司農云容謂象式

然後制革

注裁制札之廣袤

權其上旅與其下旅而重若一以其長爲之圍

注鄭司農云上旅謂要已上下旅謂要已下上旅甲衣下旅甲裳

補注合言之上旅下旅通謂之甲分言之上旅謂之甲又名爲盤領下旅謂之髀褌甲之札有七屬六屬五屬髀褌之札屬與甲等合上旅下旅之長以爲中要圍

凡甲鍛不摯則不堅已敝則橈

注鄭司農云鍛鍛革也鍛革太孰則革敝無強曲橈也玄謂摯之言致

凡察革之道眂其鑽空欲其惌也鑽作官反空音孔惌於阮反

注鄭司農云惌小孔貌惠天牧曰呂氏春秋邾之故法爲甲裳以帛公息忌謂邾君曰不若以組凡甲之所以爲固者以滿竅也今竅滿矣而任力者半耳組則不然竅滿則盡任力矣邾君以爲然然則察革之道先眂其竅竅大則難盈故任力半竅小則易滿故任力全

眂其裏欲其易也易以豉反

注無敗蔵也

補注易治也治除革裏敗蔵犀甲兕甲皆然若合甲則用功尤多但存其表

眂其朕欲其直也朕直忍反

補注舟之縫理曰朕故札續之縫亦謂之朕

櫜之欲其約也櫜音羔

注鄭司農云謂卷置櫜中也櫜韜甲者

舉而眡之欲其豐也衣之欲其無齘也衣於既反齘戸界反

注豐大鄭司農云齘謂如齒齘說文云齘齒相切也凡齒相切以斷物必不齊

眡其鑽空而惌則革堅也眡其裏而易則材更也眡其朕而直則制善也櫜之而約則周也舉之而豐則明也衣之無齘則變也更音庚

注周密致也明有光耀鄭司農云變隨人身便利

補注更者敗蘖除而材更化其革宜柔柔則利於屈伸而能久

鮑人之事望而眡之欲其荼白也進而握之欲其柔而無

滑也卷而摶之欲其無迆也眡其著欲其淺也察其線欲其藏也摶音團著直略反

注韋革遠眡之當如茅秀之色鄭司農云無迆謂革不韥玄謂韋革調善者鋪著之雖厚如薄然林氏曰著者幔著於物之上不見其厚但見其薄淺卽薄也

革欲其荼白而疾浣之則堅浣胡玩反

注鄭司農云韋革不欲久居水中

欲其柔滑而腥脂之則需腥讀如沾渥之渥需於角反需濡同

補注腥厚也需潤澤也

引而信之欲其直也信之而直則取材正也信之而枉

則是一方緩一方急也若苟一方緩一方急則及其用之也必自其急者先裂若苟自急者先裂則是以博爲帴也（信伸古今字帴如俴淺之俴音踐）

補注覆巾狹淺曰帴此通以言革革裂則博與帴同實

卷而摶之而不迆則厚薄序也眡其著而淺則革信也

注序舒也謂其革均也信無縜緩

察其線而藏則雖敝不甐

注鄭司農云謂韋革縫縷沒藏於韋革中則雖敝縷不傷也

韗人爲皐陶皐古勞反陶徒刀反

注鄭司農云皐陶鼓木也

長六尺有六寸左右端廣六寸中尺厚三寸

注版中廣頭狹爲穹隆也鄭司農云謂鼓木一判者其兩端廣六寸而其中央廣尺也如此乃得有腹

穹者三之一

注穹隆者居鼓面三分之一則其鼓四尺者版穹一尺三寸三分寸之一也倍之爲二尺六寸三分寸之二加鼓四尺穹之徑六尺六寸三分寸之二也此鼓合二十版據周三徑一約率計之

上三正

注三讀當爲參正直也參直者穹上一直兩端又直各居二尺二寸不弧曲也此鼓兩面以六鼓差之賈侍中云晉鼓大而短近晉鼓也以晉鼓鼓金奏

鼓長八尺鼓四尺中圍加三之一謂之鼖鼓鼖扶云反

注中圍加三之一者加於面之圍以三分之一也面四尺其圍十二尺密率徑四尺者圍十二尺五寸三分寸之二弱加以三分一四尺則中圍十六尺徑五尺三寸三分寸之一也今亦合二十版則版穹六寸三分寸之二爾皆約率不足準大鼓謂之鼖以鼖鼓鼓軍事

爲皐鼓長尋有四尺鼓四尺倨句磬折

注以皐鼓鼓役事磬折中曲之不參正也中圍與鼖鼓同以磬折爲異

凡冒鼓必以啓蟄之日

注啓蟄孟春之中也蟄蟲始聞雷聲而動鼓所取象也冒蒙鼓以革

良鼓瑕如積環

注革調急也疏云若急而不調則不得然也林氏曰瑕者痕也鼓皮既漆其皮靴急則文理累累如環之積

鼓大而短則其聲疾而短聞鼓小而長則其聲舒而遠聞

皐鼓

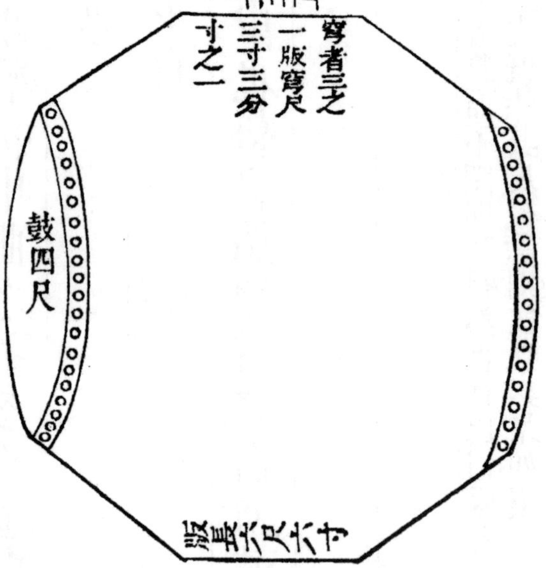

正三上

穹者三之一
版穹尺三寸三分寸之一

鼓四尺

版長六尺六寸

鼖鼓

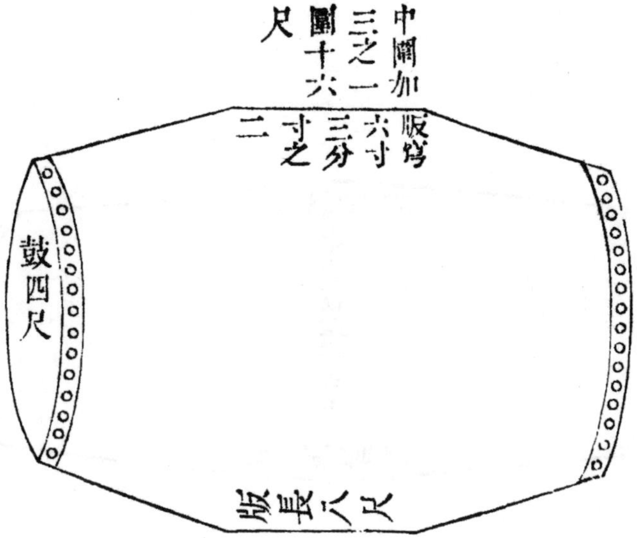

中圍加三之一圍十六尺

版爲六寸三分寸之二

鼓四尺

版長八尺

皋鼓

倨句磬折

中圍與鼗鼓同

皋長丈二尺

鼓四尺

韋氏闕

裘氏闕

畫繢之事雜五色東方謂之青南方謂之赤西方謂之白北方謂之黑天謂之玄地謂之黄青與白相次也赤與黑相次也玄與黄相次也

注此言畫繢六色所象及布采之弟次繢以爲衣

青與赤謂之文赤與白謂之章白與黑謂之黼黑與青謂之黻五采備謂之繡

注此言刺繡采所用繡以爲裳

土以黄其象方天時變火以圜山以章水以龍鳥獸蛇

雜四時五色之位以章之謂之巧

補注凡衣裳旗旐所飾必合四時五色之位雜閒章施之鄭注讀爲山以獐又解爲獸蛇爲華蟲未聞其審

凡畫繢之事後素功

注素白采也後布之爲其易漬汙也鄭注論語云繪畫文也凡繪畫先布衆色然後以素分布其閒以成其文惠天牧曰古者裳繡而衣繪畫繪之事代有師傳秦廢之而漢明復古所謂斑閒賦白疏密有章康成蓋目覩之鄉射記曰凡畫者丹質則丹地加采矣司常九旗畫日月龍蛇之象亦以絳帛爲質也

鍾氏染羽以朱湛丹秫三月而熾之淳而漬之湛音鴆秫音述淳章倫反

注鄭司農云丹秫赤粟玄謂熾炊也淳沃也以炊下湯沃其熾疏云即以炊下湯淋所炊丹秫烝之以漬羽漬猶染也

三入爲纁五入爲緅七入爲緇

注染纁者三入而成士冠禮注云凡染絳一入謂之縓再入謂之赬三入謂之纁朱則四入與又再染以黑則爲緅緅今禮俗文作爵言如爵頭色也又復再染以黑乃成緇矣凡玄色者在緅緇之閒其六入者與士冠禮注云凡染黑五入爲緅七入爲緇玄則六入與疏云淮南子云以涅染紺則黑於涅涅卽黑色也纁若入赤汁則爲朱若不入赤而入黑汁則爲紺矣若更以此紺入黑則爲緅而此五入爲緅是也若更以此緅入黑汁卽爲玄更以此玄入黑汁則名七入爲緇矣

筐人闕

㡛氏涷絲以涚水漚其絲七日去地尺暴之晝暴諸日夜宿諸井七日七夜是謂水涷涚書銳反漚烏豆反暴步莫反

注涚水以灰所泲水也漚漸也楚人曰漚齊人曰湪

宿諸井縣井中

補注凡湅絲湅帛灰湅水湅各七日

湅帛以欄爲灰渥淳其帛實諸澤器淫之以蜃欄音練渥如字

注鄭司農云澤器謂滑澤之器蜃謂灰也士冠禮曰素積白屨以魁柎之說曰魁蛤也周官亦有白盛之蜃蜃蛤也玄謂淫薄粉之令帛白

補注渥淳者以欄木之灰取瀋厚沃之也凡湅帛朝沃欄瀋夕塗蜃灰

淸其灰而盝之而揮之而沃之盝音鹿

注淸澂也於灰澂而出盝晞之晞而揮去其蜃更渥

淳之

補注湅其灰者每日之朝置水於澤器中以澂蜃灰

乃取帛出盝之揮之更沃欄灕

而盝之而塗之而宿之

補注每日之夕盝欄灕塗蜃灰經宿

明日沃而盝之

注亦七日如漚絲也

補注明日者承宿之爲言也沃前則湅其灰而盝之

揮之沃後則盝之塗之宿之詳畧互見

晝暴諸日夜宿諸井七日七夜是謂水湅

考工記圖上終

乾隆己亥

秋八月刊

考工記圖下

玉人之事鎭圭尺有二寸天子守之命圭九寸謂之桓圭公守之命圭七寸謂之信圭侯守之命圭七寸謂之躬圭伯守之信伸古今字

注命圭者王所命之圭也朝覲執焉居則守之子守穀璧男守蒲璧不言之者闕爾

補注鎭圭命圭通謂之介圭爾雅珪大尺二寸謂之玠據鎭圭言也詩錫爾介圭以作爾寶以其介圭入覲于王據命圭言也介者大也禮器大圭不琢以素爲貴亦謂此也大有二義以尊大言者鎭圭命圭之爲大圭是也以長大言者大圭長三尺杼上終葵首是也凡圭剡上寸半厚半寸博三寸

天子執冒四寸以朝諸侯

注名玉曰冒者言德能覆葢天下也四寸者方以尊接卑以小爲貴顧命僞孔傳云瑁所以冒諸侯圭以齊瑞信方四寸衺刻之葢俗儒臆說

天子用全上公用龍侯用瓚伯用將龍駹古字多通用莫江反瓚作旦反將當作埒力輟反

補注說文解字曰禮天子用全純玉也上公用駹四玉一石侯用瓚三玉二石也伯用埒玉石半相埒也此葢汜記用玉爲飾之等石謂石之次玉者如詩之充耳琇瑩貽我佩玖琇與玖皆美石

繼子男執皮帛脫簡誤在此衍文

天子圭中必

注必讀如鹿車縪之縪車下革縛結於軸者陳宋淮楚之閒謂之畢大車謂之綦謂以組約其中央爲執之以備失隊疏云按聘禮記五等諸侯及聘使所執圭璋皆有繅藉及絇組絇組所以約圭中央恐失隊此不言諸侯圭舉上以明下可知

四圭尺有二寸以祀天

補注一邸而四圭邸爲璧拄中央圭各長尺二寸拄四面璧大小未聞也典瑞疏云蓋四面圭各尺二寸與鎭圭同其璧爲邸蓋徑六寸總三尺與大圭長三尺又等

大圭長三尺杼上終葵首天子服之

注王所搢大圭也或謂之珽終葵椎也說文云椎擊也齊謂之終葵爲椎於其杼上明無所屈也杼閷也相玉書曰珽玉六寸明自炤閷色界反殺字之異者本或作殺

補注鎮圭瑞也大圭笏也故搢大圭而執鎮圭笏亦謂之手版（徐廣車服儀制曰古者貴賤皆執笏即今手版也）亦謂之薄（蜀志稱秦宓見太守以薄擊頰）天子玉笏（玉藻曰笏天子以球玉管子曰天子執玉笏以朝日是也）其守六寸謂之珽近首葢殺半寸（凡笏廣三寸殺半寸自中已上漸殺笏上廣二寸半也）

土圭尺有五寸以致日以土地

注夏日至之景尺有五寸土猶度也建邦國以度其地而制其域

補注土圭之灋詳見大司徒職余嘗論其義曰日南日北猶堯典之度南交度朔方也日東日西猶堯典之度嵎夷度西也分四方測驗然後折取其中日南

景短日北景長取中而得尺有五寸以是求南北之
中日東景夕日西景朝時刻⿱㸚土移取中加時以是求
東西之中所謂測土深正日景以求地中者如是葢
測土深以南北言聖人南面而聽天下古者宮室皆
南鄉故南北爲深東西爲廣猶之車輿以前後爲深
左右爲廣也表景短長即南北遠近必測之而得故
曰測土深正日景以東西言自東至西環地面各有
子午卯酉東方日中景正西方尚在午前而爲景朝
西方日中景正東方已過午後而爲景夕周髀稱晝
夜異處加四時相及據其方戴天相距四分天周之

一爲言（地周與天周等）以率率之忩一次（周天十二次）則差一時（一日之十二時）地與天恆相應也東西相差若干時半之則爲地中與東西所差之時是則地中景正而東方景夕西方景朝也凡差一時於地面繩直計之大致得六千里（道路迴曲之數則過乎此矣）必正其日中之景以審時之相差故曰正日景合是二者一爲南北里差一爲東西里差觀堯典周禮前古測里差極詳所云寒暑陰風之偏及四時天地交合陰陽風雨和會蓋實驗而知先驗其偏後求之而得其中也測非獨夏至夏至日中景最短以最短爲度及其漸長皆用是度之古人用土圭測

黃赤二道猶今之測北極高下也寒暑進退晝夜永短悉因之而隨地不同土圭之灋不惟建王國用之封國必以度地以此知某國偏東偏西偏南偏北然後可定各地之分至啟閉其疆域廣輪之實亦於是分明不惑焉

祼圭尺有二寸有瓚以祀廟祼或作淉或作果古亂反

注祼之言灌也祼謂始獻酌奠也瓚如盤其柄用圭有流前注典瑞注云漢禮瓚槃大五升口徑八寸下有槃口徑一尺

補注瓚勺也大小之度當如三璋之勺記省文互見者多矣漢制瓚大於古而龍口記曰鼻而已不聞龍

口也

琬圭九寸而繅以象德

注琬猶圜也繅藉也

琰圭九寸判規以除慝以易行易以豉反行下孟反

補注琬琰之名以剡上之寸半爲別也凡圭直剡之倨句磬折上端中矩琬圭穹隆而起宛然上見爾雅宛中宛丘丘上有丘爲宛丘宛中隆並此義琰圭左右剡坳而下如規之判典瑞注鄭司農云琬圭無鋒芒故以治德結好琰圭有鋒芒傷害征伐誅討之象

璧羨度尺好三寸以爲度羨以善反

注鄭司農云好璧孔也爾雅曰肉倍好謂之璧好倍

肉謂之瑗肉好若一謂之環玄謂羨猶延其袤一尺

而廣狹焉典瑞注羨不圜之貌蓋廣徑八寸袤一尺

圭璧五寸以祀日月星辰

注圭其邸爲璧

璧琮九寸諸侯以享天子琮才宗反

注享獻也小行人注享天子用璧享后用琮其大各如其瑞皆有庭實以馬若皮惠天牧曰小行人合六幣圭以馬璋以皮璧以帛琮以錦琥以繡璜以黼圭璋曰先朝聘以之璧琮曰加享禮以之琥璜曰將大饗以之圭璋特謂皮馬不上堂璧琮九寸諸侯以享天子而諸侯自相享則以琮璧琮享諸侯束帛加璧享夫人束錦加琮天子饗諸侯諸侯自相饗酬以繡黼而將以琥璜終南諸侯受顯服曰黻衣繡裳采菽天子命諸侯曰玄袞及黼此王賜繡黼之文其錫之也王拜送爵以琥璜將之故曰琥璜爵

穀圭七寸天子以聘女

補注典瑞職曰穀圭以和難以聘女注曰穀善也其飾若粟文然

大璋中璋九寸邊璋七寸射四寸厚寸黃金勺青金外朱中鼻寸衡四寸有繅天子以巡守宗祝以前馬注射琰出者也鼻勺流也衡謂勺徑也三璋之勺形如圭瓚天子巡守有事山川則用灌焉於大山川則用大璋加文飾也於中山川用中璋殺文飾也於小山川用邊璋半文飾也其祈沈以馬宗祝亦執勺以先之禮王過大山川則大祝用事焉將有事於四海山川則校人飾黃駒

大璋亦如之諸侯以聘女

補注陳氏曰此錯簡也當繼穀圭七寸天子以聘女之後亦如之者亦如穀圭之七寸鄭注云如邊璋七寸射四寸蓋天子聘女用圭諸侯聘女用璋此尊卑隆殺之等也

瑑圭璋八寸璧琮八寸以覜聘

注瑑文飾也典瑞注鄭司農云瑑有圻鄂瑑起衆來曰覜特來曰聘

牙璋中璋七寸射二寸厚寸以起軍旅以治兵守

注二璋皆有鉏牙之飾於琰側先言牙璋有文飾也

駔琮五寸宗后以爲權

注駔讀爲組以組繫之因名焉此亦有鼻以結組省文互見

大琮十有二寸射四寸厚寸是謂內鎮宗后守之

注如王之鎮圭也射其外鉏牙疏云并角徑之爲尺二寸角各出二寸兩相并四寸

駔琮七寸鼻寸有半寸天子以爲權

注鄭司農云以爲權故有鼻也

兩圭五寸有邸以祀地以旅四望

注邸謂之柢有邸僢其本也

補注兩圭蓋琮爲之邸故文在此大宗伯職注曰禮神者必象其類璧圜象天琮八方象地

瑑琮八寸諸侯以享夫人

注獻於所朝聘君之夫人前已云瑑圭璋八寸璧琮八寸以覜聘復見此文以明覜聘兼享與夫人之禮

案十有二寸棗㮚十有二列諸侯純九大夫純五夫人以勞諸侯勞力報反

注鄭司農云案玉案也夫人天子夫人與王共夫人致飲于賓客之禮則此爲三夫人勞諸侯未爲不可玄謂案玉飾案也棗㮚實於器乃加於案聘禮曰夫人使下大夫勞以二竹簋方注云以竹爲之如今寒具筥玄被纁裏有蓋其實棗烝㮚擇兼執之以進

補注案者棜禁之屬儀禮注曰棜之制上有四周下無足蓋如今承槃禮器注曰禁如今方案隋長局足高三寸棜又名斯禁斯盡也切地無足此以案承棗㮚上宜有四周漢制小方案局足此亦宜有足列謂兩以列也純耦也鄉射禮二算爲純一算爲奇

惠天牧曰三王後二十四兩兩列之則十二諸侯十八兩兩列之則九大夫十兩兩列之則五飾案古以玉漢以金鉅加文畫焉

璋邸射素功以祀山川以致稍餼

注邸射剡而出也典瑞注云璋有邸而射鄭司農云射剡也鄭司農云素功無瑑飾也

補注璋其邸爲琮而射琮八方言射者則角剡出

圭

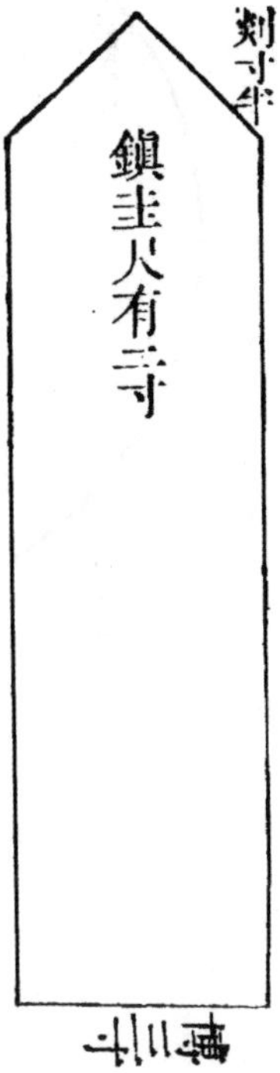

剡寸半

鎭圭尺有二寸

博三寸

據聘禮記及贊大行凡圭厚博左右剡並同桓圭九寸信圭七寸躬圭七寸而前謂土圭尺五寸穀圭七寸粟文琰圭八寸圻鄂瑑起形制無殊也不別爲圖

璋

射

大璋七寸

半圭曰璋瑑璋八寸有圻鄂牙璋中璋七寸射二寸剡側有鉏牙之飾皆不別爲圖

璧

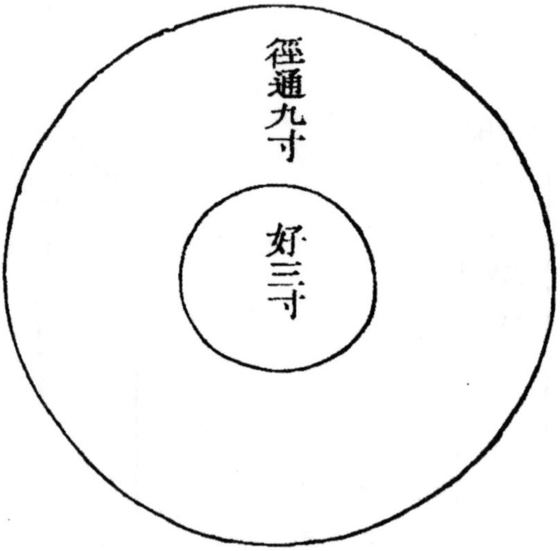

徑通九寸

好三寸

肉倍好謂之璧子執穀璧五寸男執蒲璧五寸考工記文不具瑑璧八寸有圻鄂爾不別爲圖

琮

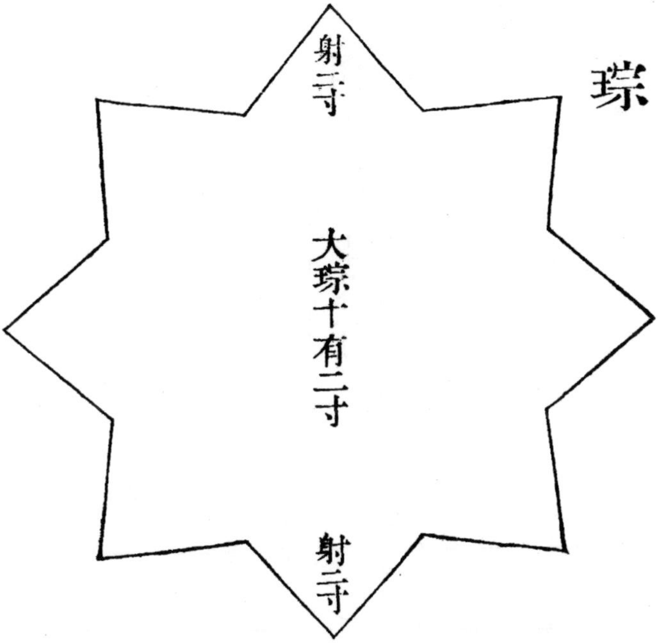

射二寸

大琮十有二寸

射二寸

惟大琮言射四寸以射各出二寸兩兩相對并爲四寸其餘皆不言射琮八方象地疑不剡爲射故八方也瑑琮八寸圻鄂瑑起天子之駔琮七寸鼻寸半宗后之駔琮五寸琮外肉內實故爲鼻以結組諸侯享王后之琮九寸已下爲銼皆不別爲圖

四圭

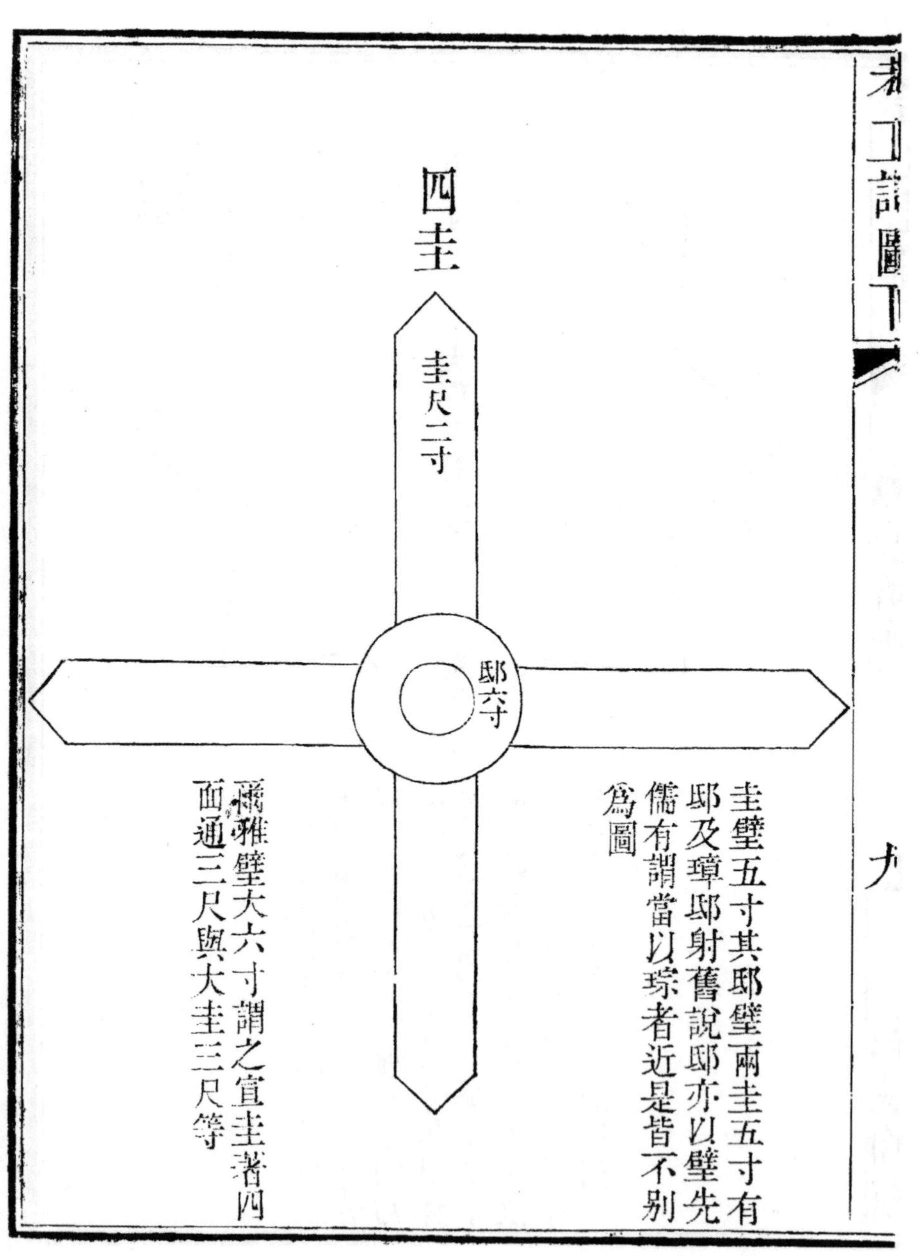

圭璧五寸其邸璧兩圭五寸有邸及璋邸射舊說邸亦以璧先儒有謂當以琮者近是皆不別爲圖

爾雅璧大六寸謂之宣圭著四面通三尺與大圭三尺等

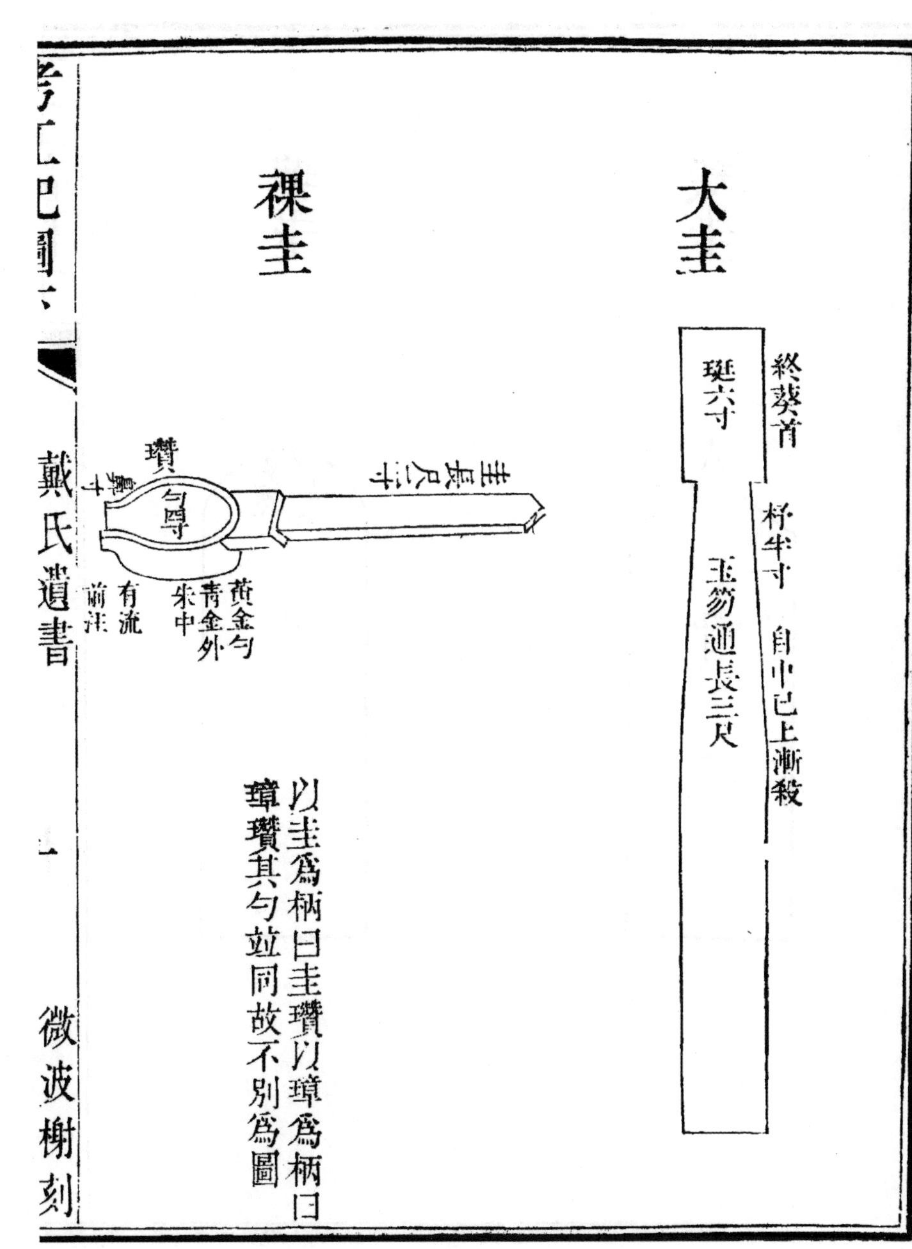

以圭爲柄曰圭瓚以璋爲柄曰璋瓚其勺竝同故不別爲圖

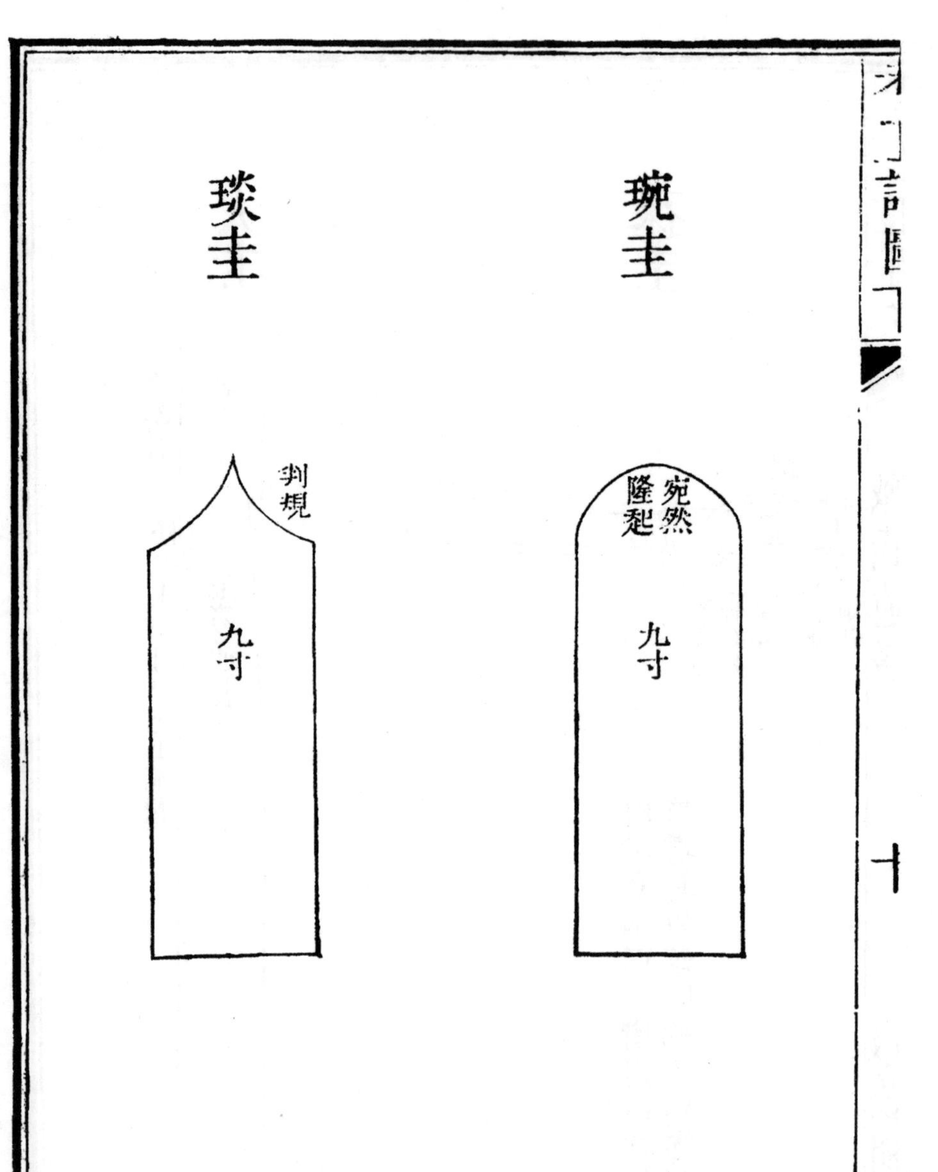
琬圭
宛然隆起
九寸
琰圭
判規
九寸

璧羨

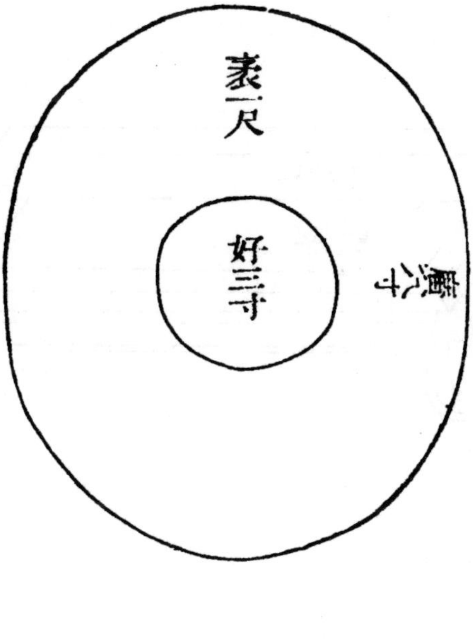

案

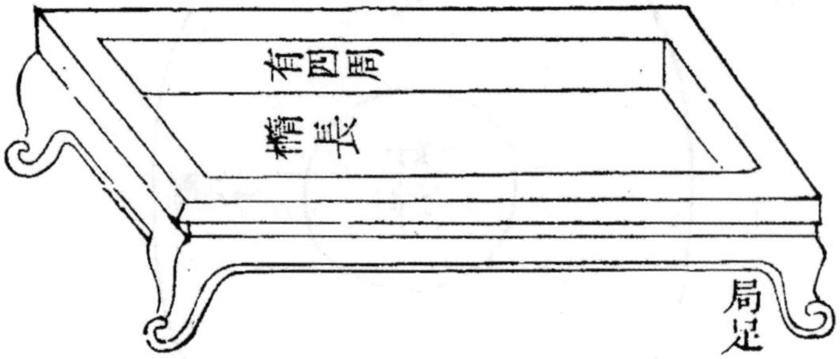

有四周
橢長
局足

㭬人闕

雕人闕

磬氏爲磬倨句一矩有半

注必先度一矩爲句一矩爲股而求其弦取句股相等各自乘幷之爲弦實開方除之得弦既而以一矩有半觸其弦一矩有半大於所求之弦張句股就之則磬之倨句也

補注任取大小橫縱等成方是爲一矩度兩對角徑隅不及一矩有半今以一矩有半爲之徑隅斜弦名徑隅則倨句不中矩而成磬折矣

其博爲一股爲二鼓爲三參分其股博去一以爲鼓博

參分其鼓博以其一爲之厚

注鄭司農云股磬之上大者鼓其下小者所當擊者也疏云以其股面廣鼓面狹故以大小而言也玄謂假令磬股廣四寸半者股長九寸也鼓廣三寸長尺三寸半厚一寸疏云以四寸半爲濕者直取從此已下爲易計非實濕也

已上則摩其旁已下則摩其耑上時掌反耑音端

注鄭司農云磬聲太上則摩鑢其旁玄謂太上聲清也薄而廣則濁太下聲濁也短而厚則清

磬

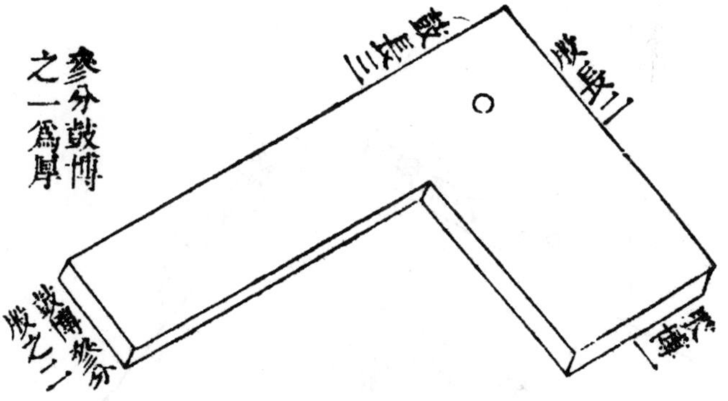

鼓長三
股長二
參分鼓博之一爲厚
股博一
鼓博參分股之二

磬之倨句臧股與鼓其積正等令股廣四寸半股內六寸厚一寸計方積二十七寸鼓廣三寸鼓內九寸計方積亦二十七寸故輕重均也

磬 倨句一矩有半

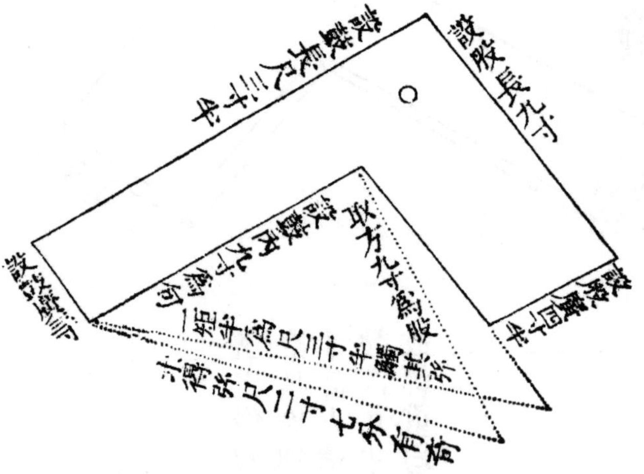

鼓長尺三寸半

股長九寸

股廣四寸半

股之九寸為股

鼓內九寸為句

一矩半為尺三寸半觸其弦

弦得尺三寸七分有奇

矢人爲矢鍭矢參分茀矢參分一在前二在後

注參訂之而平者前有鐵重也司弓矢職茀當爲殺

兵矢田矢五分二在前三在後

注鐵差短小也兵矢謂枉矢絜矢也此二矢亦可以田田矢謂矰矢

殺矢七分三在前四在後

注鐵又差短小也司弓矢職殺當爲茀

參分其長而殺其一五分其長而羽其一以其笴厚爲之羽深水之以辨其陰陽夾其陰陽以設其比夾其比以設其羽 殺本又作鎩色界反笴讀爲槀比毗志反

注矢槀長三尺殺其前一尺令趣鏃也羽者六寸辨猶正也陰沈而陽浮夾其陰陽者弓矢比在槀兩旁弩矢比在上下設羽於四角鄭司農云比謂括也

參分其羽以設其刃

注刃二寸此刃通矢槀外之斜方者言也

則雖有疾風亦弗之能憚矣故書憚或作怛都達反

注鄭司農云謂風不能驚憚箭也

刃長寸圍寸鋌十之重三垸已見冶氏

前弱則俛後弱則翔中弱則紆中強則揚羽豐則遲羽殺則趮趮子到反

注言幹羽之病使矢行不正趮旁掉也

是故夾而搖之以眡其豐殺之節也

注今人以指夾矢儛衞是也

橈之以眡其鴻殺之稱也橈乃孝反稱尺證反

注橈搦其幹

凡相笴欲生而摶同摶欲重同重節欲疏同疏欲㮚相息亮反

注相猶擇也生謂無瑕蠹也摶圜也鄭司農云欲㮚

欲其色如㮚也堅實之色

陶人爲甗實二鬴厚半寸脣寸盆實二鬴厚半寸脣寸

甑實二鬴厚半寸脣寸七穿甗音彥

注鄭司農云甗無底甑

補注一穿爲甗七穿爲甑並上大下小甗甑亦通稱也爾雅䰛謂之鬵鬵鉹也方言甑自關而東謂之甗或謂之鬵或謂之酢餾郭注云涼州呼鉹盆盎也爾雅盎謂之缶方言自關而西或謂之盎或謂之盆

鬲實五觳厚半寸脣寸庾實二觳厚半寸脣寸鬲音歷觳音斛

注豆實三而成觳則觳受斗二升庾讀如請益與之庾之庾

補注爾雅鼎款足謂之鬲注云鼎曲腳也蓋或以金或以瓦爲之款而三足無足則釜也毛詩有足曰錡方言江淮陳楚之閒謂之錡吳揚之閒謂之鬲說文鬲鼎屬實五觳斗二升曰觳象腹交文三足量之數斗二升曰觳十斗曰斛二斗四升

曰庾十六斗曰籔鬷與斛庾與籔音聲相邇傳注往往譌溷論語與之庾謂於釜外更益二斗四升蓋與之釜已當所益不得過乎始與包注十六斗曰庾誤也

旊人爲簋實一觳崇尺厚半寸脣寸豆實三而成觳崇尺

注豆實四升

補注陶人甗盆甑鬲庾皆不言廣崇之度或脩而斂或庳而侈不一定也旊人簋豆並崇尺簋通蓋高豆下有柄亦通蓋高方曰簠圜曰簋簠盛稻粱器簋盛黍稷器禮器管仲鏤簋注云鏤簋謂刻而飾之大夫刻爲龜爾諸侯飾以象天子飾以玉雜記注云鏤簋刻爲蟲獸也少牢饋食禮敦皆南首注云敦有首者尊者器飾也飾蓋象龜周之禮飾器各以其類龜有上下甲聶氏三禮圖曰舊圖云內方外圜曰簋外方內圜曰簠臣崇義按旊人爲簋及豆皆以瓦爲之雖不

言簠以簠簋是相將之器亦應制在瓬人歐陽氏集古録曰簠容四升其形外方內圓而小侶龜有首有尾有足有甲有腹今禮家作簠亦外方內圓而其形如桶但於其葢刻爲龜形與原父所得眞古簠不同按集古所云但於其葢刻爲龜形者卽三禮圖之𣪘與簠簋皆於葢頂作一小龜是也其說始於儀禮疏誤解鄭注飾葢象龜一葢字葢之爲言意擬未定之辭無正文也古者簠簋或以金或以木或以瓦爲之管仲鏤簋金簋也爾雅金謂之鏤是也飾以玉飾以象者木簋也瓦簋不得有飾

豆菹醢器爾雅木豆謂之豆瓦豆謂之登竹豆謂之籩此瓦豆則登也豆其通名登與豆用同宜濡物若籩惟宜乾物

凡陶瓬之事髻墾薜暴不入市薜卜革反

注爲其不任用也鄭司農云髻讀爲刮刖薄減下之義立謂墾頓傷也薜破裂也暴墳起不堅致也

器中膞豆中縣膞崇四尺方四寸中陟仲反膞音均

注縣縣繩正豆之柄

補注鄭用牧曰膞讀如大專槃物之專聲義同鈞漢書作大鈞播物作器下所轉者也鄒陽曰聖王制世御俗獨化於陶鈞之上韋昭云鈞木長七尺有弦所以調爲器具此膞祟四尺亦當有弦方四寸者謂其柄

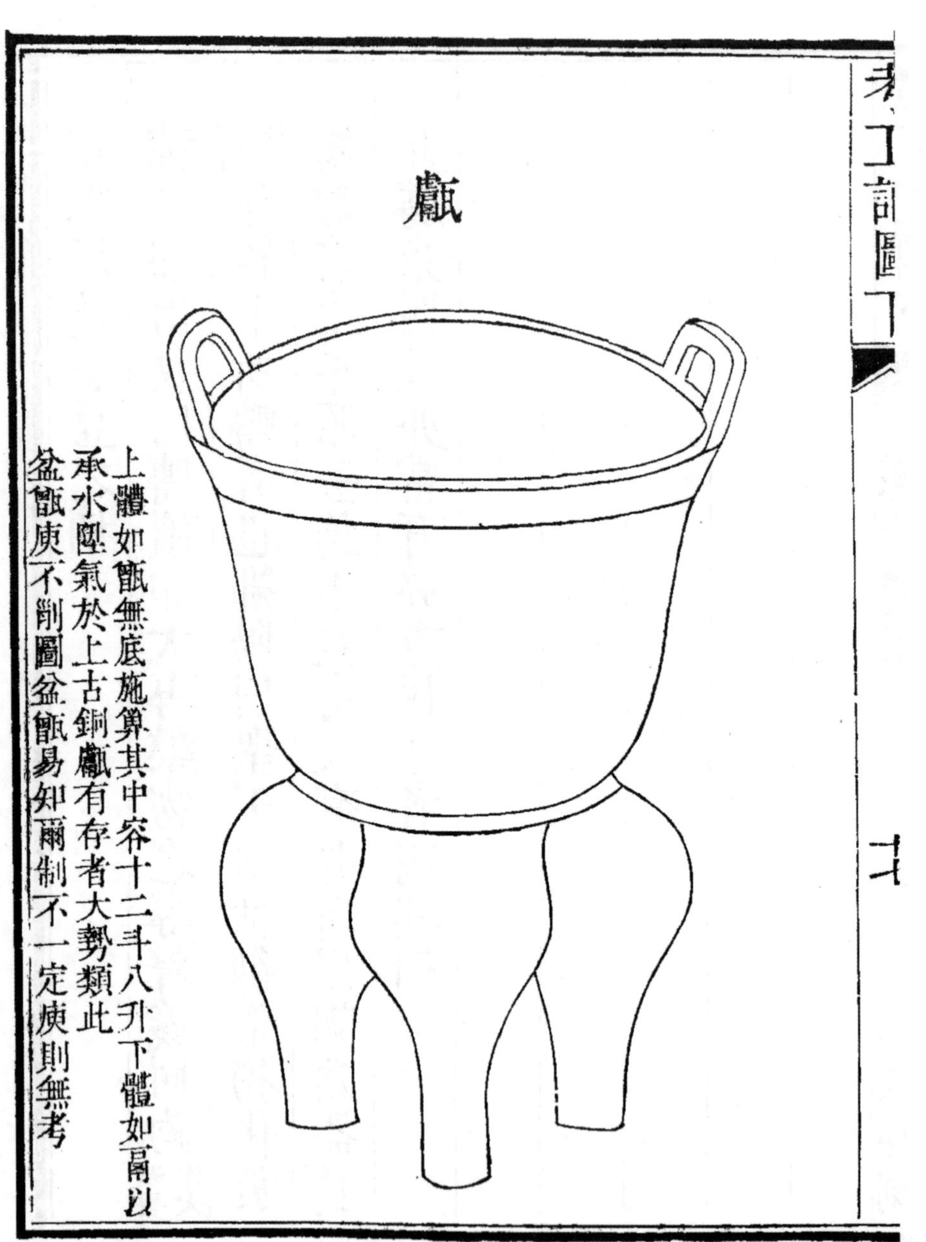

甗

上體如甑無底施箅其中容十二斗八升下體如鬲以承水陞氣於上古銅甗有存者大勢類此

盆甑庾不削圖盆甑易知爾制不一定庾則無考

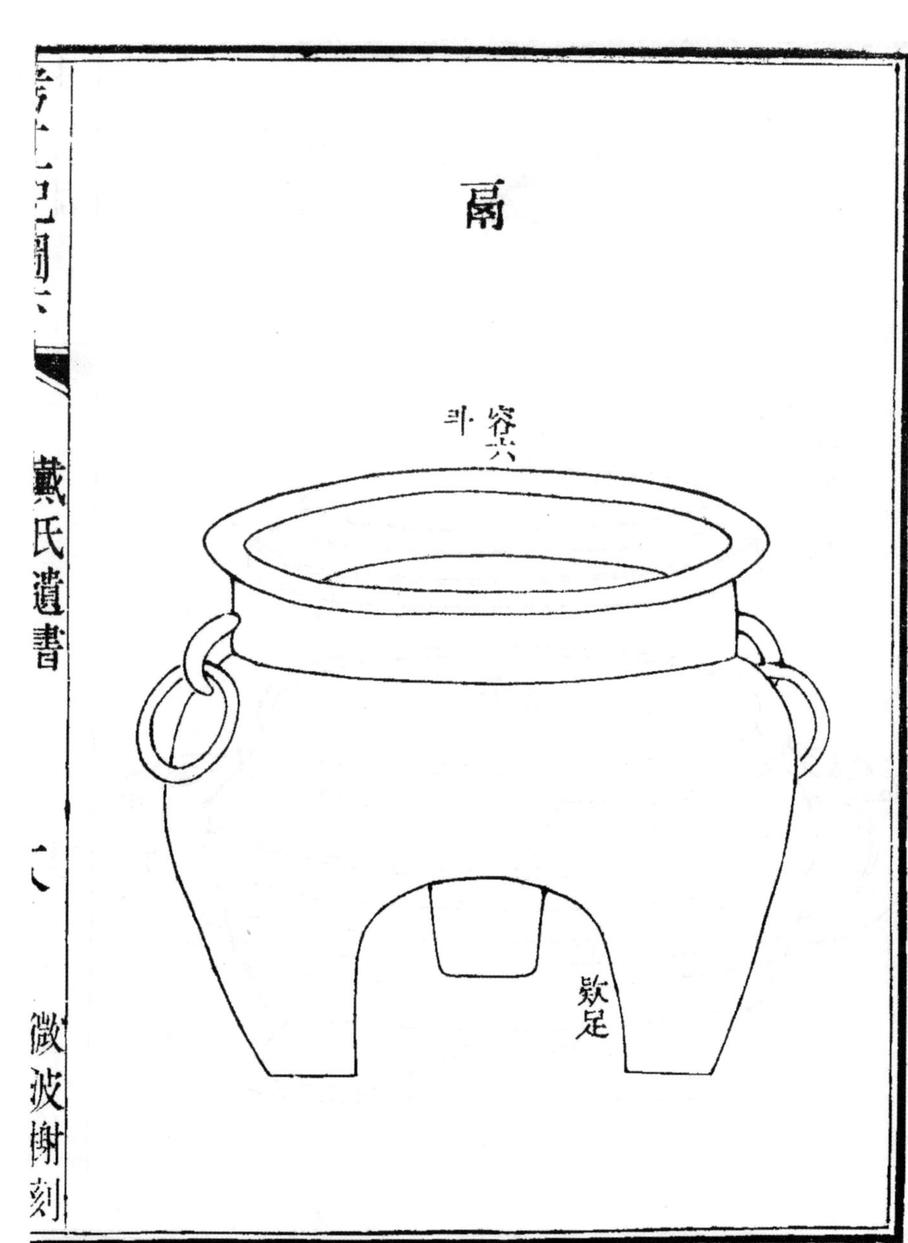
鬲
容六斗
欵足

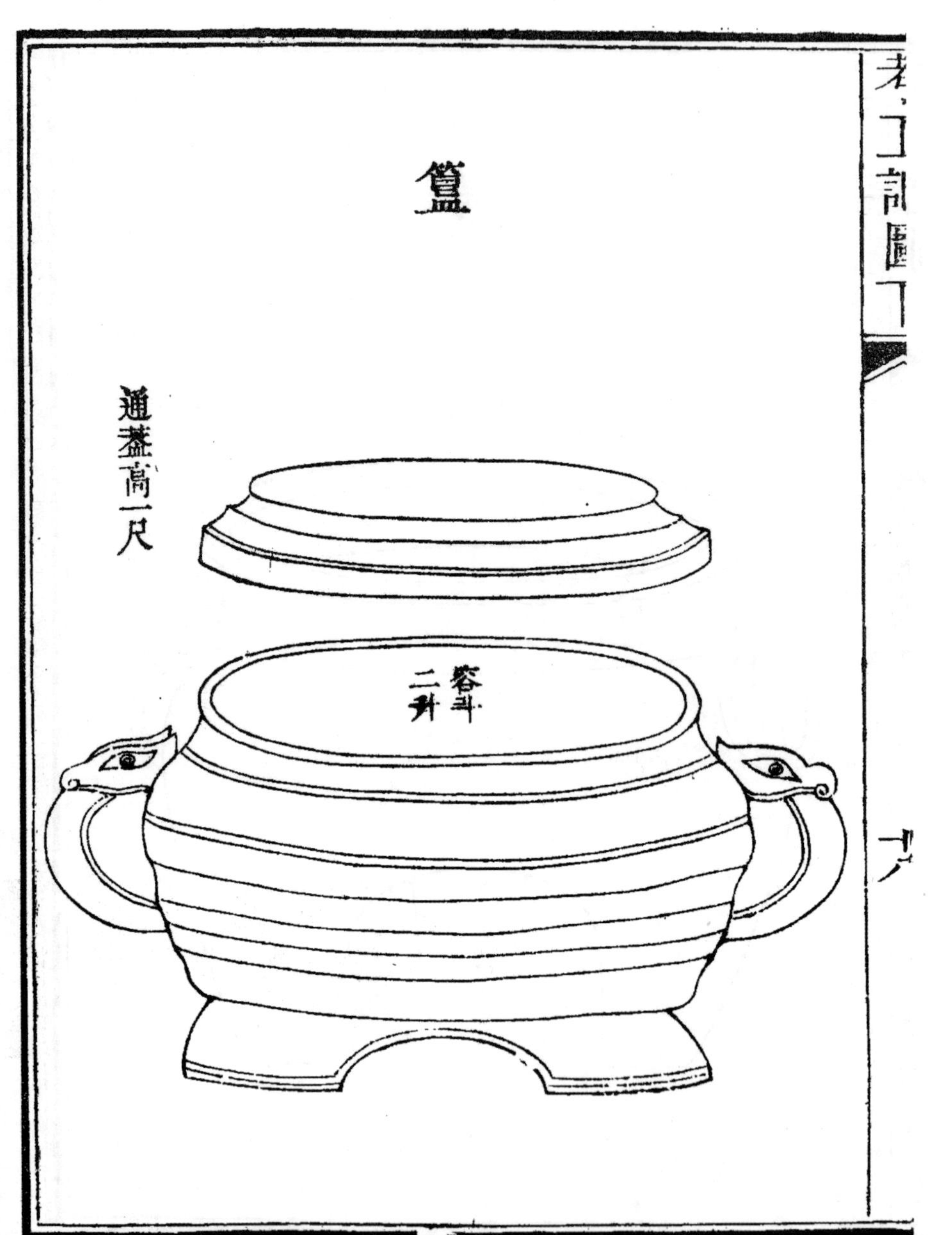
簋
通蓋高一尺
容斗二升

豆

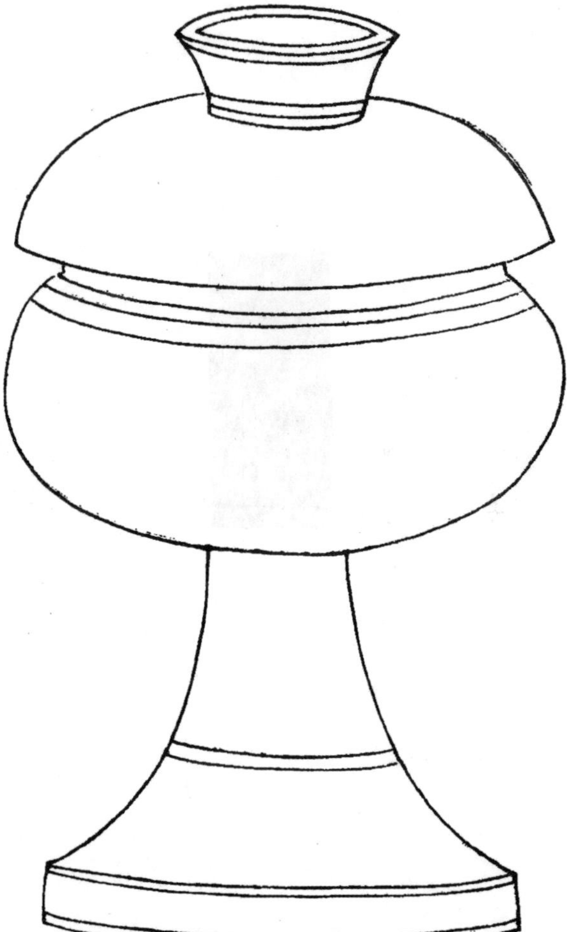

容四升通葢高一尺

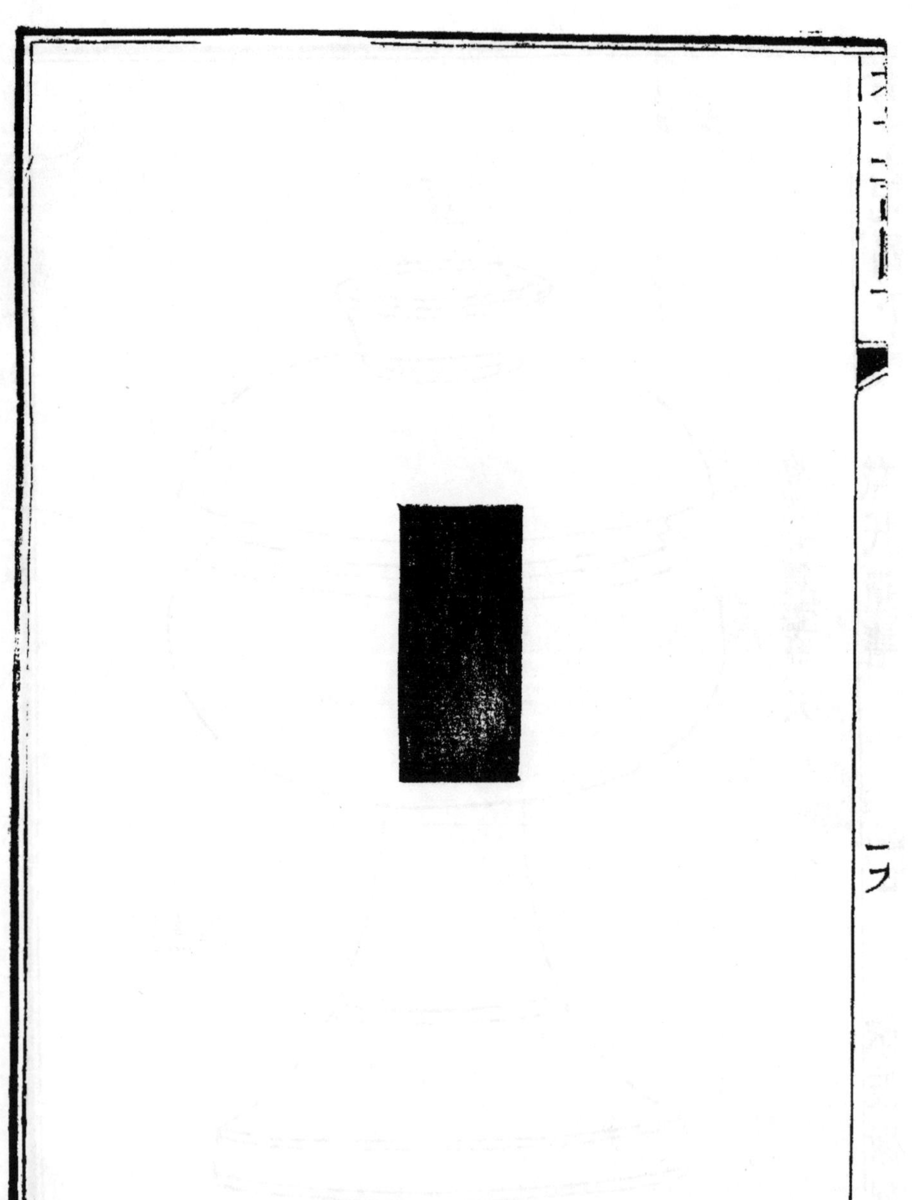

梓人爲筍虡筍音筍虡音巨

注樂器所縣横曰筍植曰虡

天下之大獸五脂者膏者羸者羽者鱗者宗廟之事脂者膏者以爲牲羸者羽者鱗者以爲筍虡

注脂牛羊屬膏豕屬內則注云凝者曰脂釋者曰膏羸者謂虎豹貔䝞爲獸淺毛者之屬羽鳥屬鱗龍蛇之屬

補注羸者爲鍾虡羽者爲磬虡皆所以負筍非爲虡下之跗也西京賦洪鐘萬鈞猛虡趪趪負筍業而餘怒乃奮翅而騰驤薛綜注云當筍下爲兩飛獸以背負

外骨內骨卻行仄行連行紆行以脰鳴者以注鳴者以旁鳴者以翼鳴者以股鳴者以胷鳴者謂之小蟲之屬

以爲雕琢郤羌畧反注同殊陟又反

注刻畫祭器博庶物也外骨龜屬內骨鼈屬郤行螾衍之屬方言蚰衍自關而東謂之螾衍或謂之入耳仄行蟹屬連行魚屬紆行蛇屬脰鳴鼃黽屬注鳴精列屬趨織也方言精列楚謂之悉蟹旁鳴蜩蜺屬蜩蟬也其類不一蜺者寒蟬翼鳴發皇屬爾雅蛂蟥蛢說文蛢蟠蝗以翼鳴者股鳴蚣蝑動股屬方言春黍謂之螢蝑注云江東呼蚝蛒胷鳴榮原屬方言守宮其在澤中者謂之蜥蜴南楚謂之蛇醫或謂之蠑螈

厚脣弇口出目短耳大胷燿後大體短脰若是者爲之羸屬恆有力而不能走其聲大而宏有力而不能走則於任重宜大聲而宏則於鍾宜若是者以爲鍾虡是故擊其所縣而由其虡鳴燿讀爲哨所教反由猶通

注䰍頊小也

銳喙決吻數目顅脰小體騫腹若是者謂之羽屬恆無力而輕其聲清陽而遠聞無力而輕則於任輕宜其聲清陽而遠聞於磬宜若是者以爲磬虡故擊其所縣而由其虡鳴（喙許穢反數音促顅楷田反陽或作揚非）

注吻口腃也顅長脰貌（莊子其脰肩肩）

小首而長摶身而鴻若是者謂之鱗屬以爲筍

注摶圜也

凡攫閷援簭之類必深其爪出其目作其鱗之而（攫居縛反簭卽噬）

注謂筍虡之獸也深猶藏也作猶起也之而頰頟也

補注頰側上出者曰之下垂者曰而須鬣屬也

深其爪出其目作其鱗之而則於眡必撥爾而怒苟撥爾而怒則於任重宐且其匪色必佀鳴矣匪斐通

注匪采貌也

爪不深目不出鱗之而不作則必穨爾如委矣苟穨爾如委則加任焉則必如將廢措其匪色必佀不鳴矣

注措猶頓也

梓人爲飲器勺一升爵一升觚三升獻以爵而酬以觚一獻而三酬則一豆矣食一豆肉飲一豆酒中人之食也觚當作觶之豉反

注勺尊升也觚當爲觶鄭駁異義云觶字今禮角旁單古書或作角旁氏則與觚相涉學者多聞觚寡聞觗寫此書亂之而作觚

補注凡觴一升曰爵二升曰觚三升曰觶說文觗禮經觶四升曰角五升曰散本韓詩說飲酒之禮主人獻賓賓酢主人主人又飲而酌賓謂之酬獻進酒也酬猶厚也勸也合獻酬共一豆酒其曰一獻而三酬者爵一升以之獻觗三升以之酬𡪞上省文一升之爵獻而三升之觗酬是爲一豆豆實四升

凡試梓飲器鄉衡而實不盡梓師罪之鄉同向

注衡平也平爵鄉口酒不盡則梓人之長罪於梓人焉

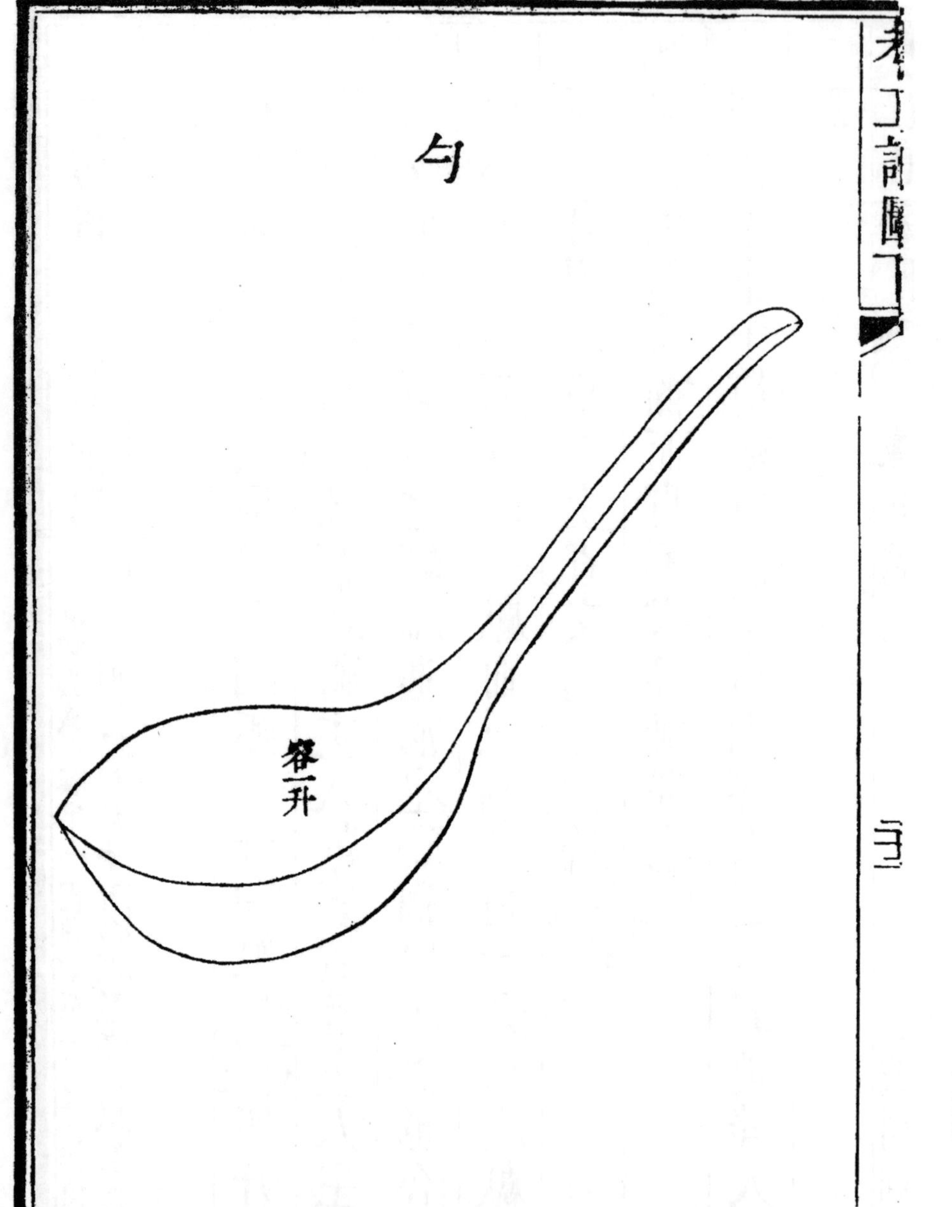
勺
容一升

爵

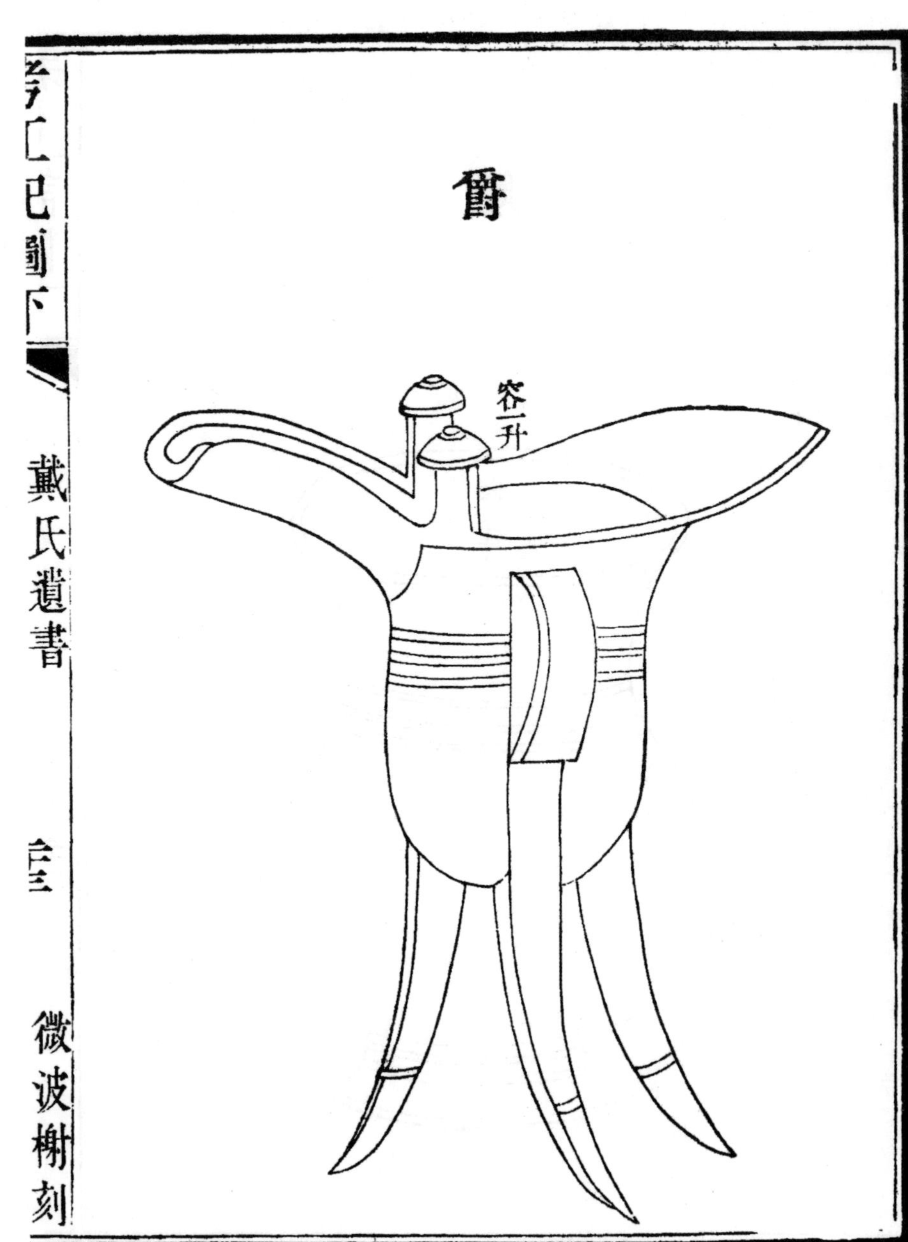

觗

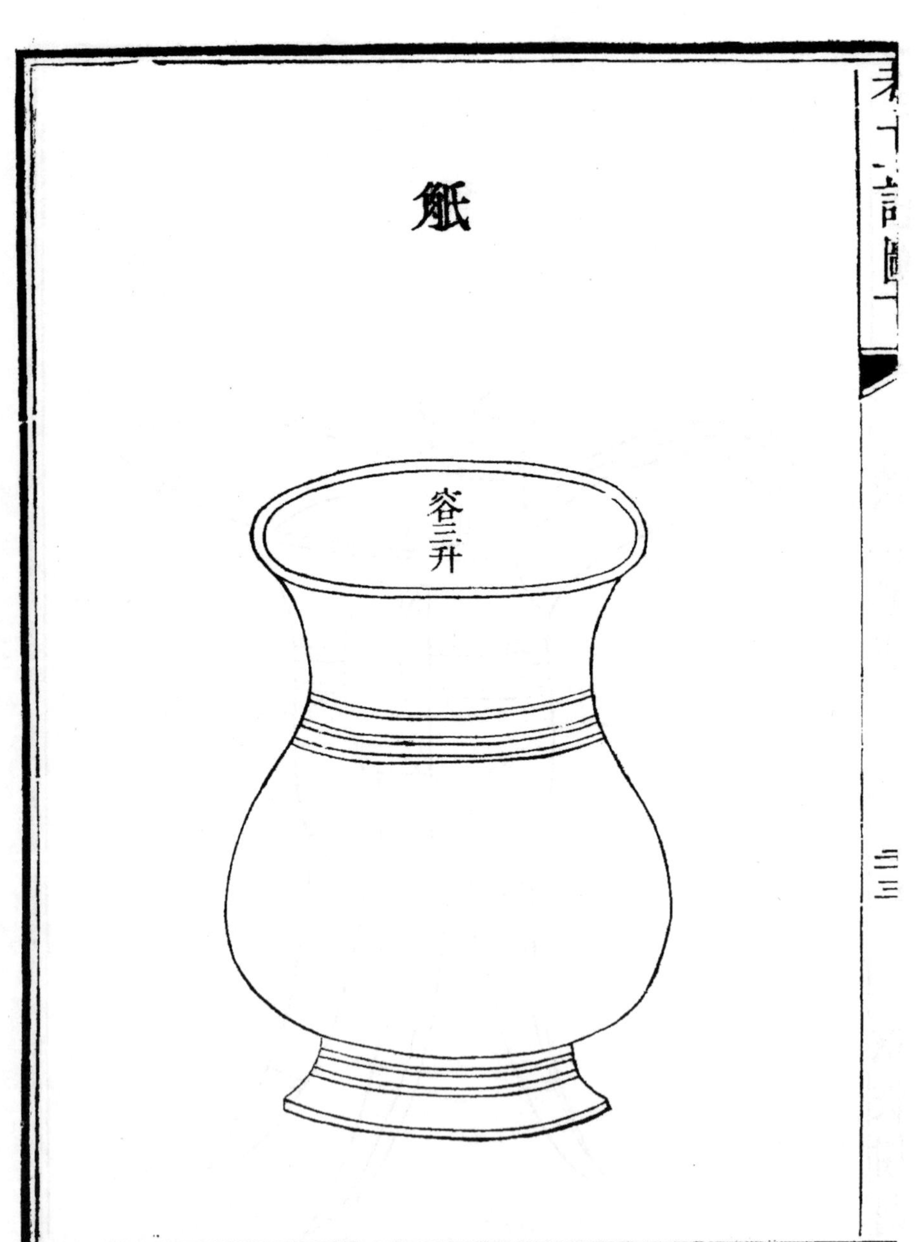

梓人爲矦廣與崇方參分其廣而鵠居一焉鵠同鷽胡角反

注高廣等者謂矦中也天子射禮以九爲節矦道九十弓弓二寸以爲矦中高廣等則天子矦中丈八尺諸矦於其國亦然鵠所射也以皮爲之各如其矦也居矦中參分之一則此鵠方六尺惟大射以皮飾矦大射者將祭之射也其飾有賓射燕射

疏云謂若虎矦以虎皮飾矦側其鵠亦用虎皮其餘熊豹麋等亦然

上兩个與其身三下兩个半之

注上个下个皆謂舌也身躬也鄉射禮記曰倍中以爲躬倍躬以爲左右舌下舌半上舌然則九節之矦

身三丈六尺上个七丈二尺下个五丈四尺其制身夾中个夾身在上下各一幅此矦凡用布三十六丈个或謂之舌者取其出而左右也矦制上廣下狹蓋取象於人也張臂八尺張足六尺是取象率焉

補注下兩个半之謂出於身者也九節之矦上个左右出各丈八尺下个左右出各九尺

上綱與下綱出舌尋縜寸焉縜尤粉反

注綱所以繫矦於植者也上下皆出舌一尋者亦人張手之節也鄭司農云綱連矦繩也縜籠綱者

補注鄉射禮曰乃張矦下綱不及地武尺二寸爲武

然則九節之侯高二丈七尺四寸於今尺一丈六尺奇上綱兩植相去八丈八尺下綱兩植相去七丈縜者个上之紐以綱貫之說文縜持綱紐也

張皮侯而棲鵠則春以功

注皮侯以皮所飾之侯司裘職曰王大射則共虎侯熊侯豹侯設其鵠謂此侯也天子將祭必與諸侯羣臣射

補注四時之祭始於春故舉春以該焉功事也謂祭曰事尊祭祀也祭祀事之大也王將有郊廟之事以射擇諸侯及羣臣與邦國所貢之士可以與祭者

張五采之侯則遠國屬

注五采之侯謂以五采畫正之侯也遠國屬者若諸侯朝會王張此侯與之射所謂賓射也正之方外如鵠內二尺五采者內朱白次之蒼次之黃次之黑次之其侯之飾又以五采畫雲氣焉

張獸侯則王以息燕

注獸侯畫獸之侯也鄉射記曰凡侯天子熊侯白質諸侯麋侯赤質大夫布侯畫以虎豹士布侯畫以鹿豕凡畫者丹質是獸侯之鋈也息者休農息老物也敖氏云鄉飲酒禮乃息司正息疑卽燕之異名燕謂勞使臣若與羣臣飲酒而射

祭侯之禮以酒脯醢其辭曰惟若寧侯毋或若女不寧侯不屬于王所故抗而射女強飲強食詒女曾孫諸侯百福女音汝強其丈反

注謂司馬實爵而獻獲者于侯薦脯醢折俎獲者執以祭侯若猶女也寧安也若如也屬猶朝會也抗舉也張也曾孫諸侯謂女後世爲諸侯者

侯

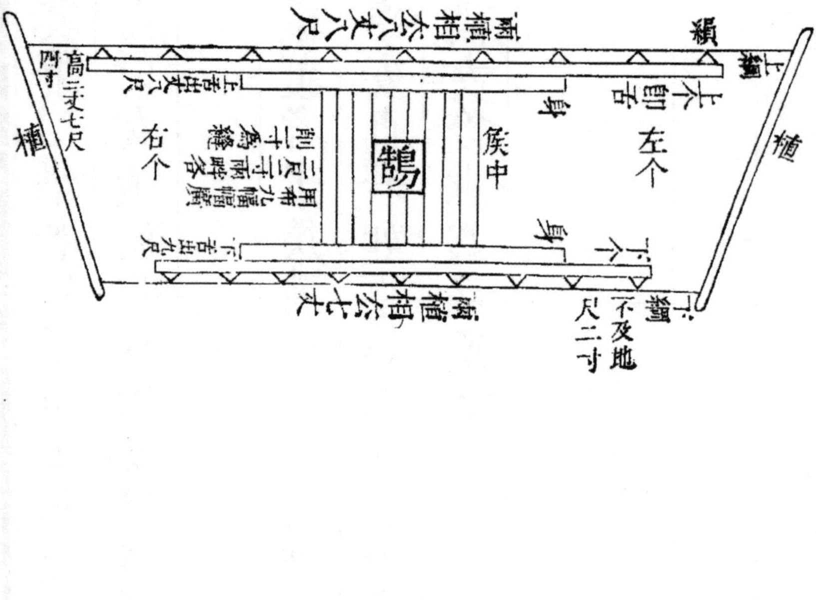

纓
上綱
兩植相去八丈八尺
上个卸舌
躬
左个
侯中
鵠
用布九幅幅廣二尺二寸兩畔各削一寸爲縫
右个
上舌出丈八尺
高三丈七尺二寸
植
植
躬
下个
下舌出九尺
兩植相去七丈
下綱不及地尺二寸

正

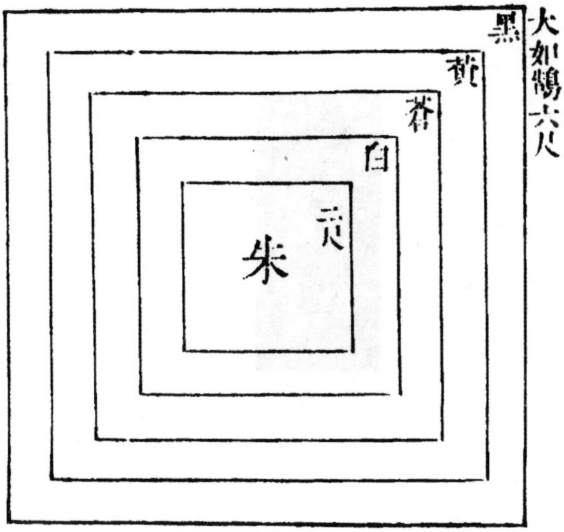

大如鵠六尺

黑
黄
蒼
白
赤
朱

廬人爲廬器戈柲六尺有六寸殳長尋有四尺車戟常

酋矛常有四尺夷矛三尋

注酋夷長短名酋之言遒也酋近夷長矣

凡兵無過三其身過三其身弗能用也而無已又以害

人故攻國之兵欲短守國之兵欲長攻國之人衆行地

遠食飲飢且涉山林之阻是故兵欲短守國之人寡食

飲飽行地不遠且不涉山林之阻是故兵欲長

注人長八尺與尋齊進退之度三尋用兵力之極也

而無已不徒止爾不徒止於不能用也又適以害執兵之人

凡兵句兵欲無彈刺兵欲無蜎是故句兵椑刺兵摶毄

兵同強舉圍欲細細則校刺兵同強舉圍欲重重欲傳人傳人則密是故侵之[句音鉤彈說文引作僤常衍反蜎於緣反椑薄兮反]

注句兵戈戟屬刺兵矛屬鄭司農云彈謂掉也玄謂蜎亦掉也讀若井中蟲蜎之蜎[爾雅蜎蠉注云井中小蛣蟩赤蟲一名孑孓廣雅云]齊人謂柯斧柄爲椑則椑隋圜也摶圜也改句言擊容殳無刃同強上下同也舉謂手所操校疾也傳近也密審也正也人手操細以擊則疾操重以刺則正然則爲矜句兵堅者在後刺兵堅者在前[疏云以句兵向後牽之故云堅者在後也以向前推之故云堅者在前也言此者欲見句兵手執處欲得細細則手執之牢也刺兵執處欲得麤而勁則手穩也林氏云侵刺也]

補注彈讀如死蟺之蟺轉掉也蜎搖掉也侵善入也

凡爲殳五分其長以其一爲之被而圍之參分其圍厺一以爲晉圍五分其晉圍厺一以爲首圍凡爲酋矛參分其長二在前一在後而圍之五分其圍厺一以爲晉圍參分其晉圍厺一以爲刺圍晉同搢

注被把中也長二尺四寸圍之圜之也大小未聞凡矜八觚鄭司農云晉謂矛戟下銅鐏也刺謂矛刃胷也玄謂晉矜所捷也首殳上鐏也疏云此殳首無銅鐏亦以上頭爲首而稍細之以其侶鐏故鄭云首殳上鐏也

爲戈戟之矜所圍如殳夷矛如酋矛

凡試廬事置而搖之以眡其蜎也灸諸牆以眡其橈之均也橫而搖之以眡其勁也灸音救

注置猶尌也灸猶柱也以柱兩牆之間輓而內之本末勝負可知也

補注眡其蜎審察搖掉之勢也眡其橈之均審察屈勢也皆欲通體無勝負苟材有勝負必自負處動折試之既齊均又以彊勁爲尚

六建既備車不反覆謂之國工

注六建五兵與人也

補注六建當爲五兵與旌旗六建動搖則車行反覆矜柲不彊故也

匠人建國水地以縣

注於四角立植而縣以水望其高下高下既定乃爲位而平地疏云謂於柱四畔縣繩以正柱柱正然後去柱遠以水平之灋遥望柱高下定卽知地之高下

補注水地者以器長數尺承水引繩中水而及遠則平者準矣立植以表所平之方縣繩正植則度水面距地者準矣若不用水覆矩尺使中縣引繩中矩尺及遠簡灋也矩尺卽今木工石工之曲尺

置槷以縣眡以景

注槷古文臬假借字於所平之地中央樹八尺之臬以縣正之眡之以其景將以正四方也爾雅曰在牆者謂之杙今爾雅作樴謂之杙在牆者謂之㮰在地者謂之臬疏云槷亦謂柱也欲取柱之景先須柱正欲取

柱正當以繩縣而垂之於柱之四角四中以八繩縣之其繩皆附柱則其柱正矣然後眡柱之景

爲規識日出之景與日入之景晝參諸日中之景夜考之極星以正朝夕

注日出日入之景其端則東西正也又爲規以識之者爲其難審也自日出而畫其景端以至日入旣則爲規測景兩端之內規之規之交乃審也度兩交之閒中屈之以指臬則南北正日中之景最短者也極星謂北辰

補注必平中水然後爲規規數重封槷於中眡槷端景齊規者皆識之乃衡界午前午後之景則東西正又

中詘之以指槷則南北正今用指南針有偏向所偏隨地不同不足取準若考北極高下則取近極大星測其旋而上最高去地若干度及旋而下最低去地若干度兩數相減得星環繞北極之徑半之以加於最低去地之度是爲北極高度今冬至前後勾陳大星酉時在北極之上卯時在北極之下可據之以測極北極者天樞也先儒謂之不動處作記時紐星正當不動處故記以爲極星梁祖暅測不動處距紐星一度有餘今紐星又移元郭守敬測離三度奇北極在勾陳大星紐星之閒

爲規識景

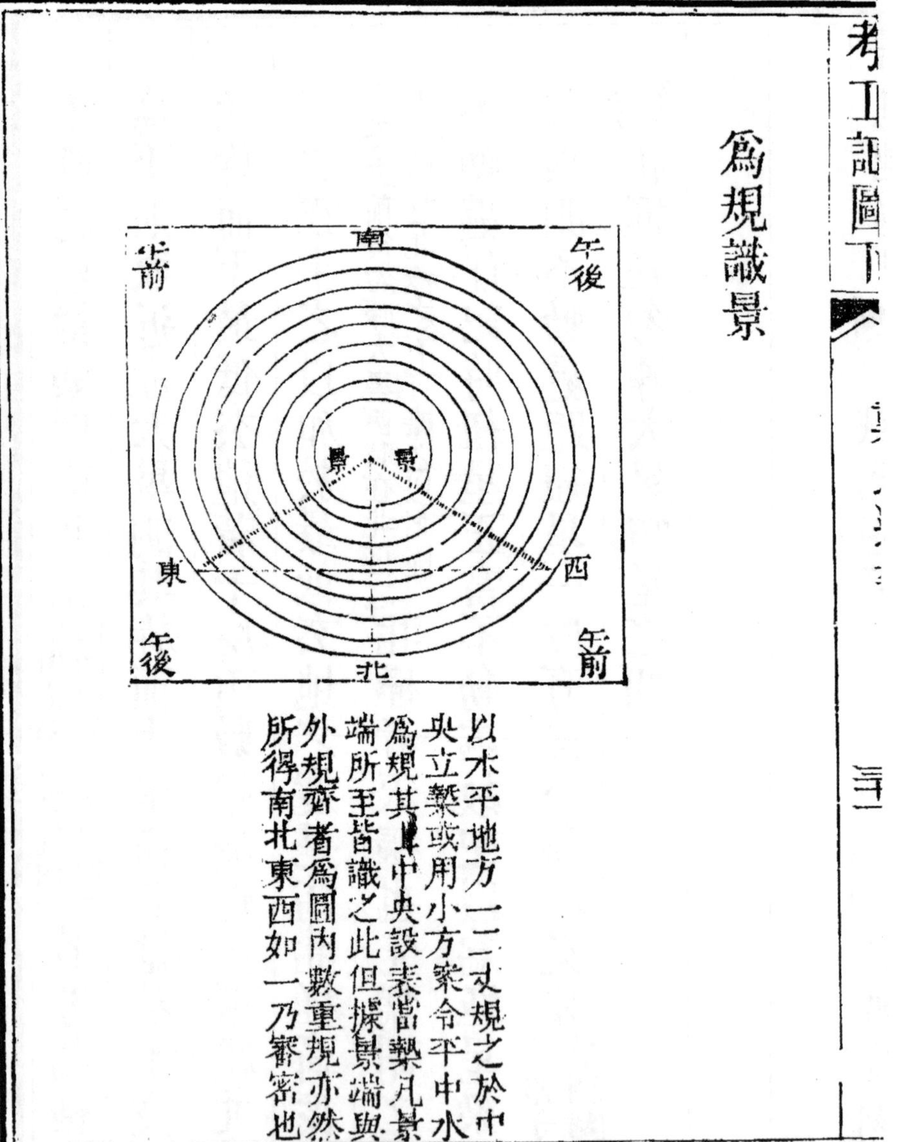

以木平地方一二丈規之於中央立槷或用小方案令平中水爲規其上中央設表當槷凡景端所至皆識之此但據景端與外規齊者爲圖內數重規亦然所得南北東西如一乃審密也

爲規識景

此圖得之江先生

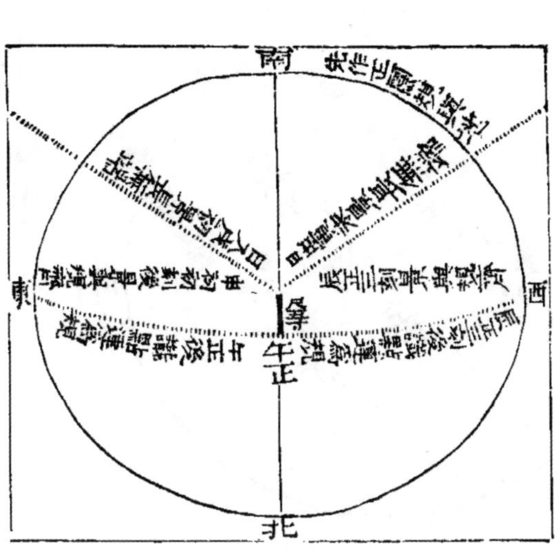

此但據夏至地中爲圖規任作大小如以表八尺爲半徑必長正三刻申初初刻景與規齊其齊時亦是正東正西也若他方測景時刻方位不同而瀌準此最短時爲午正

先爲規而後識景記文也先識景徐徐作點後乃連爲規鄭説也兩瀌圖皆具

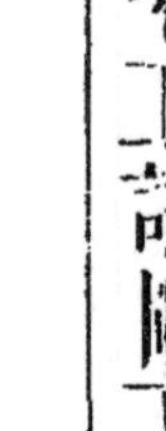

測北極高下

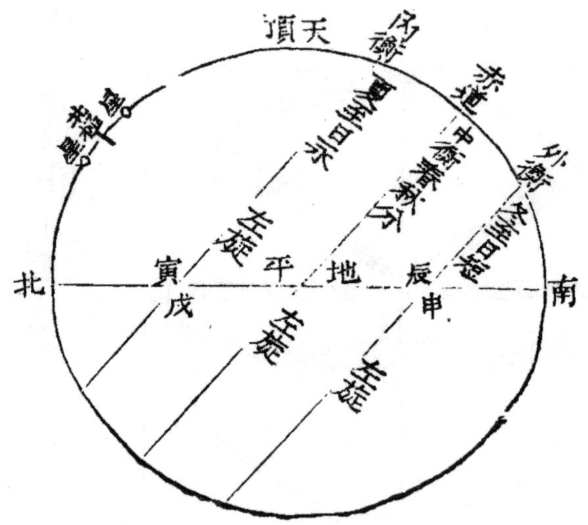

北極高下隨地不同南行繩直二百五十里而北極低一度北行二百五十里而北極高一度冬至前後日出辰入申星旋天不啻半周可得其最高最低之度以考知北極

晝夜永短亦隨地不同南至赤道下冬夏至恆如春秋分極與地平適合北至極下半年爲晝半年爲夜赤道與地平適合

黄赤道

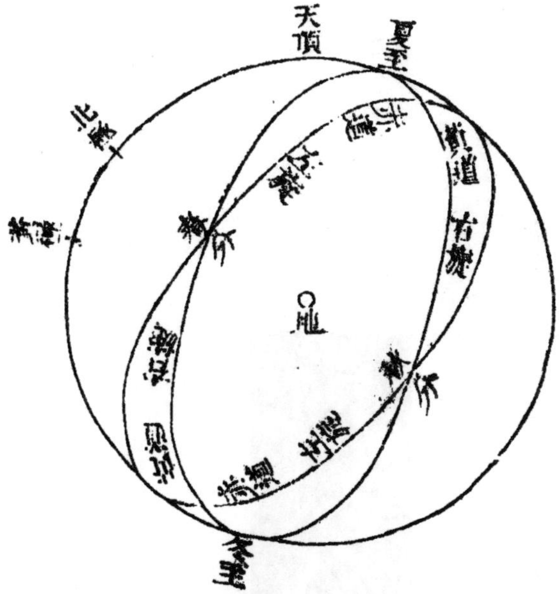

日行黄道三百六十五日幾三時而一周春秋分交於赤道冬至在赤道南夏至在赤道北前測外衡內衡與此互明

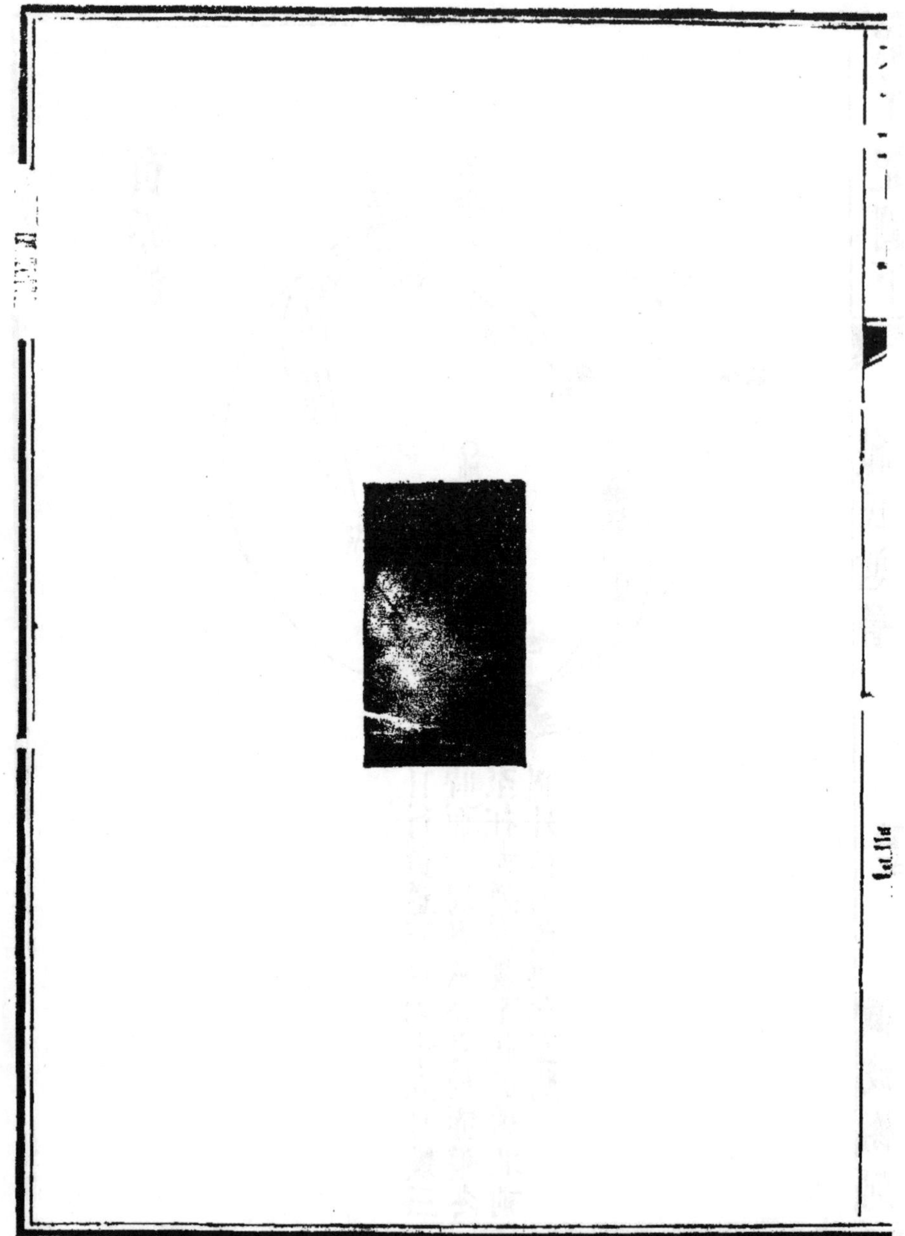

匠人營國方九里旁三門

補注六尺而步五步而雉六十雉而里里三百步此記天子城方九里其等從公蓋七里侯伯蓋五里子男蓋三里以春秋傳考之鄭伯之城方三百雉故大都三國之一爲百雉是其合乎

國中九經九緯經涂九軌

注國中城內也經緯謂涂也經緯之涂皆容方九軌

疏云南北之道爲經東西之道爲緯王城面有三門門有三涂男子由右女子由左車從中央

軌謂徹廣乘車六尺六寸旁加七寸凡八尺是謂徹廣九軌積七十二尺則此涂十二步也旁加七寸者輻內二寸半輻廣三

寸半量其鑿深以爲輻廣輻廣不得過三寸則輻內不止二寸半矣綆三分寸之二金轄之閒三分寸之一

左祖右社面朝後市

注王宮所居也祖宗廟王宮當中經之涂也小宗伯之職掌建國之神位右社稷左宗廟注云庫門內雉門外之左右朝士注云郊特牲譏繹於庫門內言遠當於廟門廟在庫門之內見於此矣

補注宗廟作宮於路寢之東社稷設壇壝於路寢之西劉向別錄云社稷宗廟在路寢之西又云左明堂辟廱右宗廟社稷按宗廟社稷屬路寢言得之以爲俱在西不知何所據凡朝君臣咸立於庭古字庭本作廷所謂朝廷說文云廷朝中也朝有門而不屋故雨霑衣失容則輟朝天子諸侯皆三朝則天子諸侯皆三門與禮說曰天子五門皋庫雉應路諸侯三門皋應

路失其傳也天子之宮有皋門有應門有路門路門一曰虎門一曰畢門不聞天子庫門雉門也郊特牲云獻命庫門之內此亦據魯之事記者以魯用天子禮樂故推魯事合於天子所稱多傳會失實諸侯之宮有庫門有雉門有路門不聞諸侯皋門應門也皋門天子之外門庫門諸侯之外門應門天子之中門雉門諸侯之中門異其名殊其制辨等威也天子三朝諸侯三朝天子三門諸侯三門其數同君國之事侔體合也朝與門無虛設也君臣日見之朝謂之內朝稾人及玉藻之內朝是也或謂之治朝或謂之正朝在路門外庭司士正其位記或謂之外朝與路寢庭之朝連文爲外內也文王世子曰內朝則東面北上臣有貴者以齒其在外朝則以

官注云內朝路寢庭外朝路寢之門外庭斷獄蔽訟及詢非常之朝謂之外朝在中門外庭小司寇掌其政朝士掌其灋以燕以射及圖宗人嘉事之朝謂之燕朝在路寢庭大僕正其位若射則射人掌其位聘禮曰公出送賓及大門內周官司儀曰出及中門之外廟在中門內明矣記曰昔者仲尼與於蜡賓事畢出遊於觀之上蜡之饗亦祭宗廟廟在雉門內故出而至觀也春秋桓宮僖宮災火自司鐸踰公宮至桓僖二廟廟邇公宮也季桓子至御公立於象魏之外立當遠火也春秋穀梁氏傳曰禮送女父不下堂毋不出祭門諸毋兄弟不出闕門廟門謂之祭門觀謂之闕亦謂之象魏

諸侯設於雉門是以雉門謂之闕門天子葢設於應

門闕門在外祭門在內不出闕門者得出祭門者也

春秋左氏傳曰閒於兩社爲公室輔以朝廷執政所

在爲言空繫君臣日見之朝社在中門內明矣其他

書傳可證宗廟社稷在中門內路門外之左右者甚

衆畧舉五事明之

市朝一夫

注方各百步

補注以朝百步言之方九百步之宮朝左右各四百

步外門至中門百步之庭曰外朝中門至路門百步

之庭曰內朝路門內至堂百步之庭曰燕朝路寢已後蓋六百步與王與諸侯若羣臣射於路寢則路寢之庭容矦道九十弓弓與步相應其百步空也

夏后氏世室堂脩二七廣四脩一

注脩南北之深也夏度以步令堂脩十四步其廣益以四分脩之一則堂廣十七步半

五室三四步四三尺

注堂上爲五室象五行也三四步室方也四三尺以益廣也木室於東北火室於東南金室於西南水室於西北其方皆三步其廣益之以三尺土室於中央

方四步其廣益之以四尺此五室居堂南北六丈東西七丈五室之名蓋傳會言之其制則宜如是

九階

注南面三三面各二

四旁兩夾窻

注窻助戶爲明每室四戶八窻

白盛

注蜃灰也盛之言成也以蜃灰堊牆所以飾成宮室

門堂三之二

注門堂門側之堂取數於正堂令堂如上制則門堂

南北九步二尺東西十一步四尺爾雅曰門側之堂謂之塾

室三之一

注兩室與門各居一分

殷人重屋堂脩七尋堂崇三尺四阿重屋重直龍反

注其脩七尋五丈六尺放夏周則其廣九尋七丈二尺也五室各二尋四阿若今四注屋四面皆有霤重屋複笮也說文云笮迫也在瓦之下棼上棼複屋棟也

補注世室重屋制皆如明堂明堂既四面非四霤不可故爲四阿重屋之制古者質四面有霤必𢪌瀨乎

此姚姬傳曰重屋複屋也別設棟以列椽其棟謂之棼椽棟既重軒版垂檐皆重矣軒版卽屋笮或木或竹異名笮在瓦之下椽之上檐垂椽端椽亦謂之橑記言重屋鄭氏以複笮釋之而他書所稱曰重檐曰重橑張敞傳作重轑曰重軒招魂作層軒西都賦作重軒曰重棟曰重棼各舉其一爲言爾重屋之形制異複是以或謂之閣張臨傳每登閣殿古詩阿閣三層階亦得云樓漢時名檐爲承壁材以其直垂而下如壁故明堂位注重檐重承壁材也疏謂複笮亦重承壁材者誤

周人明堂度九尺之筵東西九筵南北七筵堂崇一筵五室凡室二筵

注明堂者明政教之堂周度以筵亦王者相改

補注明堂瀰天之宮五室十二堂故曰明堂月令中央太室正室也一室而四堂其東堂曰青陽太廟南堂曰明堂太廟西堂曰總章太廟北堂曰玄堂太廟四隅之室夾室也釋名夾室在堂兩頭故曰夾也四室而八堂東北隅之室玄堂之右夾青陽之左夾也其北堂曰玄堂右个東堂曰青陽左个東南隅之室青陽之右夾明堂之左夾也其東堂曰青陽右个南堂曰明堂左个西南隅之室明堂之右夾總章之左夾也其南堂曰明堂右个西堂曰總章左个西北隅之室總章之右夾玄

堂之左夾也其西堂曰總章右个北堂曰玄堂左个凡夾室前堂或謂之箱或謂之个左傳昭公四年使寘饋于个而退杜注云个東西箱是箱得通稱曰个也兩旁之名也翑脊之兩旁謂之兩相矦之左右謂之左个右个亦此義古者宮室恆制前堂後室有夾堂東曰東夾室堂西曰西夾室有个東夾前曰東堂亦曰東箱西夾前曰西堂亦曰西箱左傳所謂个有房室東曰東房亦曰左房室西曰西房亦曰右房惟南嚮一面明堂四面闓達亦前堂後室有夾有个而無房房者行禮之際別男女婦人在房明堂非婦人所得至故無房空也王者而後有明堂其制蓋起於古遠夏曰世室殷曰重屋周曰明堂三代相因異名同實與世室重屋義未聞明堂在國之陽淳于登說在三里之外七里之內丙巳之地韓詩說明堂在南方七里之郊祀五帝聽朔

會同諸侯大政在焉夏曰世室世世勿壞或以意命之也殷曰重屋阿閣四注或以其制命之也周人取天時方位以命之東青陽南明堂西總章北玄堂而通曰明堂舉南以該其三也四正之堂皆曰太廟四正之室共一太室故曰太廟太室明太室處四正之堂中央爾世之言明堂者有室無堂不分个夾失其傳久矣

室中度以几堂上度以筵宮中度以尋野度以步涂度以軌

補注馬融以為几長三尺六之而合二筵與阮諶云几長五尺

廟門容大扃七个闈門容小扃參个扃古熒反

注大扃牛鼎之扃長三尺每扃爲一个七个二丈一尺廟中之門曰闈爾雅宮中之門謂之闈葢通稱小扃膷鼎之扃長二尺參个六尺

路門不容乘車之五个應門二徹參个

注路門者大寢之門乘車廣六尺六寸五个三丈三尺言不容者是兩門乃容之兩門乃容之則此門半之丈六尺五寸正門謂之應門謂朝門也二徹之內八尺三个二丈四尺

內有九室九嬪居之外有九室九卿朝焉九分其國以

爲九分九卿治之

注九室如今朝堂諸曹治事處

補注內九室九嬪省內治所居外九室蓋在朝門之外九卿省其政事處也玉藻曰朝辨色始入君日出而視之退適路寢聽政視朝在路門外庭凡有職於朝者咸至也聽政在路寢君退於路寢以待朝者各就其官府治處有當告者乃入也魯論記孔子過位升堂其此時與位者君方視朝之位玉藻又曰使人視大夫大夫退然後適小寢釋服大夫退於家君乃適小寢也

王宮門阿之制五雉宮隅之制七雉城隅之制九雉

注阿棟也宮隅城隅謂角浮思也浮思本或作罘罳網目之稱屬綴交疏侶之以其在屋上隨方角迴折故呼爲角浮思雉長三丈高一丈度高以高度廣以廣尚書大傳作度長以長疏云言高一雉則一丈言長一雉則三丈

補注仞有三尺爲高一雉古者度廣長以尋度高深以仞尋八尺仞七尺牆言雉者五版而堵爲雉之高五堵而雉爲雉之長版崇二尺長六尺門阿五雉謂路門應門之崇也宮隅七雉謂臯門之崇也大雅臯門有伉言高於他門方九里之城宮九百步七里之城宮七百步五里之城宮五百步三里之城宮三百步天子之宮牆高七仞有一

尺城高十仞門臺謂之宮隅城臺謂之城隅亦謂之闍（定公三年左傳門臺注云門上有臺鄭風出其闉闍毛傳云闉曲城也闍城臺也爾雅闍謂之臺）詩曰靜女其姝俟我于城隅媵俟迎之禮也古者諸侯娶必有媵說舍近郊整車飾然後至乎城下以俟迎者僾而不見迎之未至也（僾而猶隱然說文僾仿佛也詩曰僾而不見爾雅薆隱也方言掩翳薆也郭注云謂隱蔽也詩曰薆而不見）始思見其人繼思得見其物始言至城下終乃言至於郊（郊外謂之牧）靜女之刺思賢媵懷女史之瀌者也學者罕聞城隅而詩遂失其傳矣

經涂九軌環涂七軌野涂五軌

注廣狹之差也杜子春云環涂謂環城之道

門阿之制以爲都城之制

注都四百里外距五百里王子弟所封其城隅高五丈宮隅門阿皆三丈

宮隅之制以爲諸侯之城制

注諸侯畿已外也其城隅制高七丈宮隅門阿皆五丈禮器曰天子諸侯臺門五經異義古周禮說云天子城高七雉隅高九雉公之城高五雉隅高七雉侯伯之城高三雉隅高五雉都城之高皆如子男之城高按公侯伯之城皆當高五雉城隅與天子宮隅等惟子男之城或同都城爾

環涂以爲諸侯經涂野涂以爲都經涂

注經亦謂城中道諸侯環涂五軌其野涂及都環涂野涂皆三軌

王城

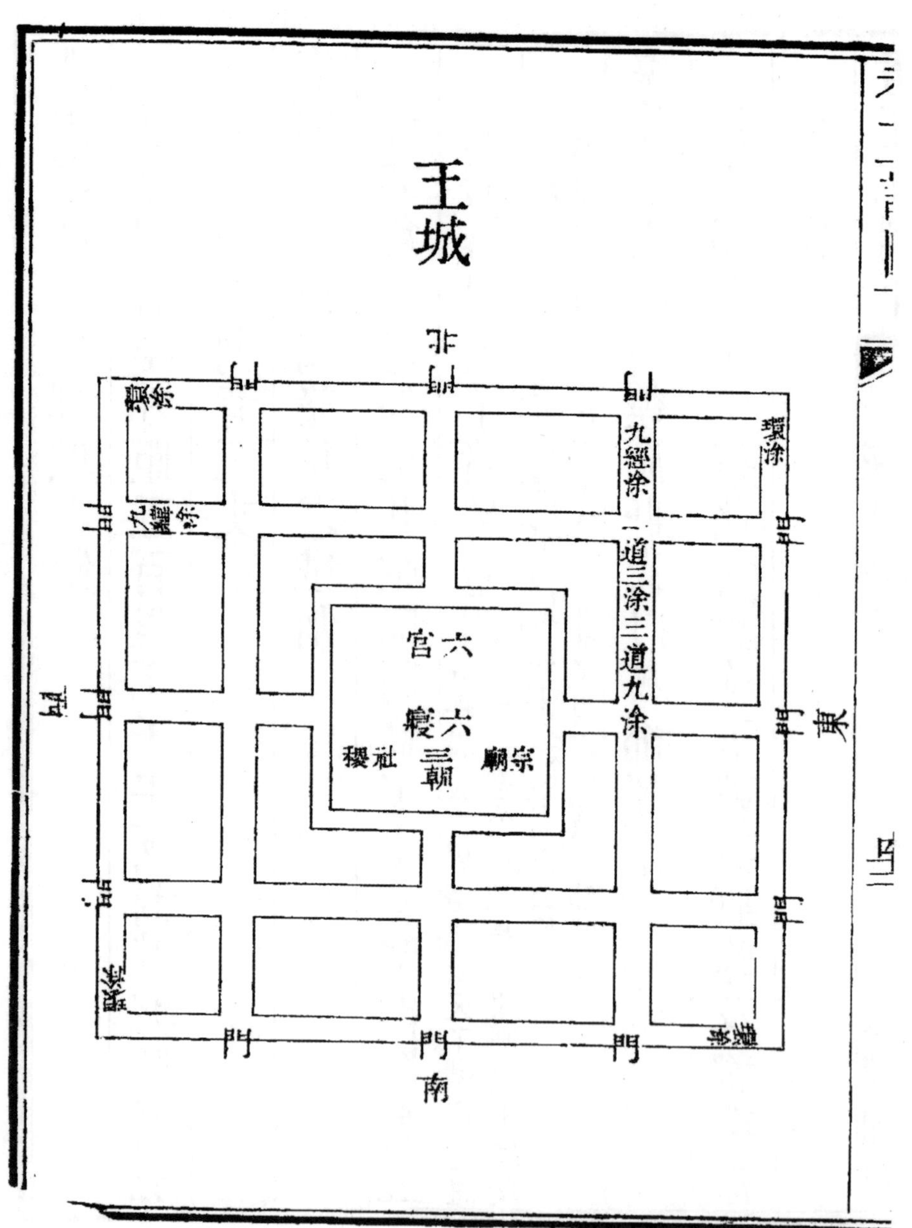

世室

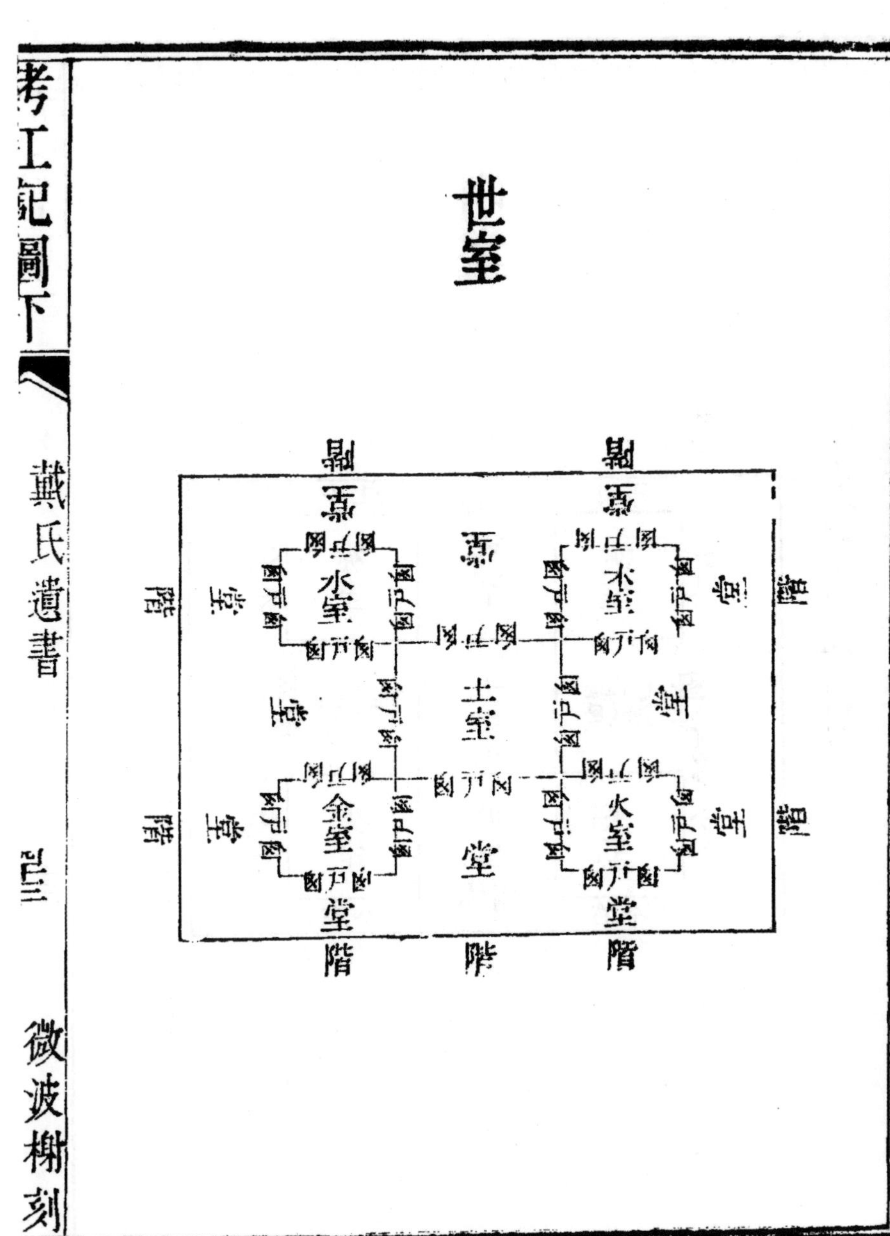

明堂

右个	玄堂太廟	左个
總章太廟	太室	青陽太廟
左个	明堂太廟	右个

夾室 夾室 夾室 夾室

右个 左个 左个 右个 右个 左个 左个 右个

二十戶四十牖九階與世室同

宗廟於顧命見天子路寢之制於覲禮見天子宗廟之制降而諸侯下及大夫士廣狹有等差而制則一

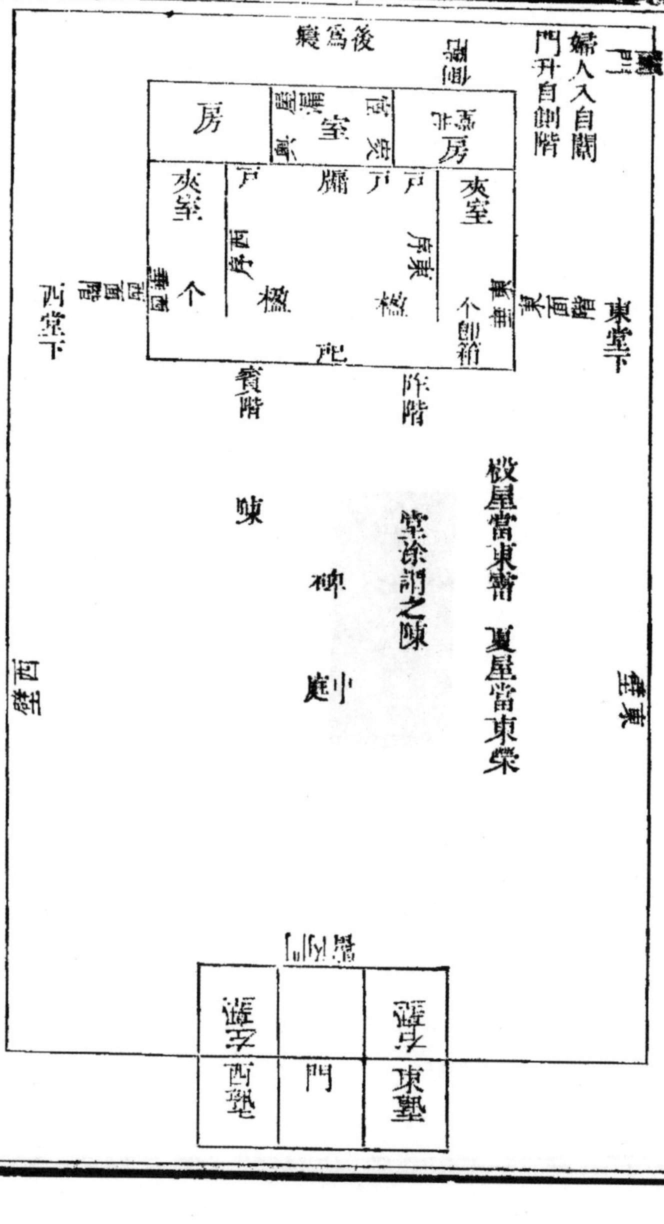

後爲寢
闈門
婦人入自闈門升自側階
側階
房
室
房
夾室
夾室
戶
牖
戶
戶
序東
序西
楹
楹
東堂下
西堂下
阼階
賓階
殷屋當東霤　夏屋當東榮
堂塗謂之陳
陳
碑
中庭
東壁
西壁
門
東塾
西塾

匠人爲溝洫耜廣五寸二耜爲耦一耦之伐廣尺深尺謂之甽田首倍之廣二尺深二尺謂之遂甽說文作く畎古犬反

注古者耜一金兩人并發之其壟中曰甽甽上曰伐伐之言發也今之耜岐頭兩金象古之耦也田一夫之所佃百畝方百步地遂者夫閒小溝遂上亦有徑

九夫爲井井閒廣四尺深四尺謂之溝方十里爲成成閒廣八尺深八尺謂之洫方百里爲同同閒廣二尋深二仞謂之澮專達於川各載其名凡天下之地埶兩山之閒必有川焉大川之上必有涂焉

注此畿內采地之制九夫爲井井者方一里九夫所

治之田也采地制井田異於鄉遂及公邑三夫爲屋屋具也一井之中三屋九夫三三相具以出賦稅共治溝也（司馬法六尺爲步步百爲畮畮百爲夫夫三爲屋屋三爲井）方十里爲成成中容一甸甸方八里出田稅緣邊一里治洫（小司徒職九夫爲井四井爲邑四邑爲丘四丘爲甸注云此制小司徒經之匠人爲之溝洫相包乃成爾邑丘之屬相連比以出田稅溝洫爲除水害四井爲邑方二里四邑爲丘方四里四丘爲甸甸之言乘也甸方八里旁加一里則方十里爲一成積百井九百夫其中六十四井五百七十六夫出田稅三十六井三百二十四夫治洫）方百里爲同同中容四都六十四成方八十里出田稅緣邊十里治澮（小司徒職四甸爲縣四縣爲都注云四甸爲縣方二十里四縣爲都方四十里四都方八十里旁加十里乃得方百里爲一同也積萬井九萬夫其四千九十六井三萬六千八百六十四夫出田稅二千三百四井一萬七百三十六夫治洫三千六百井三萬二千四百夫治澮）采地者在三百里四百里五百里之中（疏云據載師職而言）

補注一夫百畝田首有遂夫三爲屋遂端則溝屋三爲井溝在井閒也井十爲通溝端則洫通十爲成洫在成閒也十成爲終洫端則澮十終爲同同薄於川澮在同閒也南畝而耕畎縱遂橫溝縱洫橫澮縱川橫東畝而耕畎橫遂縱溝橫洫縱澮橫川縱絶大爲之澮非人爲之川詩曰南東其畝因川制田與賈疏云井田之灋畎縱遂橫溝縱洫橫澮縱自然川橫但據南畝者言之成方十里洫十有一計其田畔竟十里者二十田畔邊於洫者凡三萬六千丈從鄭君說三十六井治洫蓋九夫共治千丈同方百里澮十有一計其田畔竟百里者二十田畔邊於澮者凡三十六萬丈從鄭君說

三千六百井治澮葢九夫其治百丈澮深於洫近倍大於洫三倍有半洫廣八尺深八尺廣深相乘六十四尺澮廣丈六尺深丈四尺廣深相乘二百二十四尺以約分之澮命之洫二澮七也水強侵敗隤高就下治之難易澮十倍洫先王不使出賦稅之民治洫與澮而爲瀳令民治洫澮者當其賦稅故農政水利之大旨君任之非責之民及其失也竭民之力畢以供上於是洫澮不治井田所繇廢也中原膏土雨爲沮洳水無所洩暘爲枯塵水無所留地不生毛賦減民窮上下交病矣

凡溝逆地防謂之不行水屬不理孫謂之不行屬注古字通孫遜通

注溝謂造溝防謂脈理

梢溝三十里而廣倍梢音蕭

注謂不墾地之溝也鄭司農云梢謂水漱齧之溝故

三十里而廣倍

凡行奠水磬折以參伍奠讀爲停

注坎爲弓輪水行欲紆曲也鄭司農云溝形當如磬

直行三折行五

補注行奠水者行之停之直三而曲得五井田雖以

方計隨溝委折非截方見於此矣

欲爲淵則句於矩

注太曲則流轉流轉則其下成淵

凡溝必因水埶防必因地埶善溝者水漱之善防者水淫之

注鄭司農云淫謂水淤泥土留著助之爲厚

凡爲防廣與崇方其閷參分去一大防外閷

注方猶等也閷者薄其上

凡溝防必一日先深之以爲式里爲式然後可以傳衆力

補注古九數有商功爲此也預爲布算以定其規模而後從事一日之式大致可知又以一里之式平之

凡任索約大汲其版謂之無任

注約縮也及引也築防若牆者以繩縮其版大引之言版橈也版橈築之則鼓土不堅矣

葺屋參分瓦屋四分

注各分其脩以其一爲峻

囷窌倉城逆牆六分窌古孝反

注逆猶卻也築此四者六分其高卻一分以爲綱囷圜倉穿地曰窌疏云假令高丈二尺下厚四尺則於上去二尺爲綱上惟二尺

堂涂十有二分

注謂階前若今令甓裓也分其督旁之脩以一分爲峻也爾雅曰堂涂謂之陳疏云名中央爲督假令兩旁上下尺二寸則取一寸於中央爲峻

竇其崇三尺

注宮中水道

牆厚三尺崇三之

注高厚以是爲率足以相勝疏云假令厚六尺高丈八尺皆依此率

四井每方一格為一夫

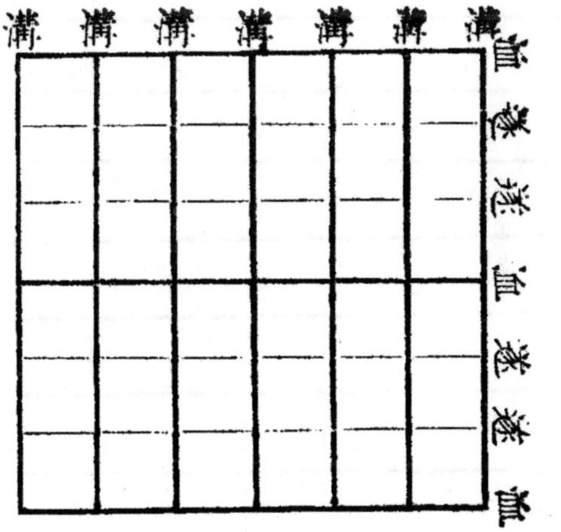

溝 溝 溝 溝 溝 溝 溝

洫 遂 遂 洫 遂 遂 洫

皆以南畝圖之溝洫澮川必因水埶委折非截然正方施之於圖欲整爾井田之灋備於一同或百里內有數川亦因乎自然或遠於川引澮長之其舒促不可一定也書言其常用隨其變

一成 每方一格爲一井

澮 溝 溝 溝 溝 溝 溝 溝 溝 溝 澮

洫 洫 洫 洫 洫 洫 洫 洫 洫 洫 洫

通 通 通 通 通 通 通 通 通 通 通

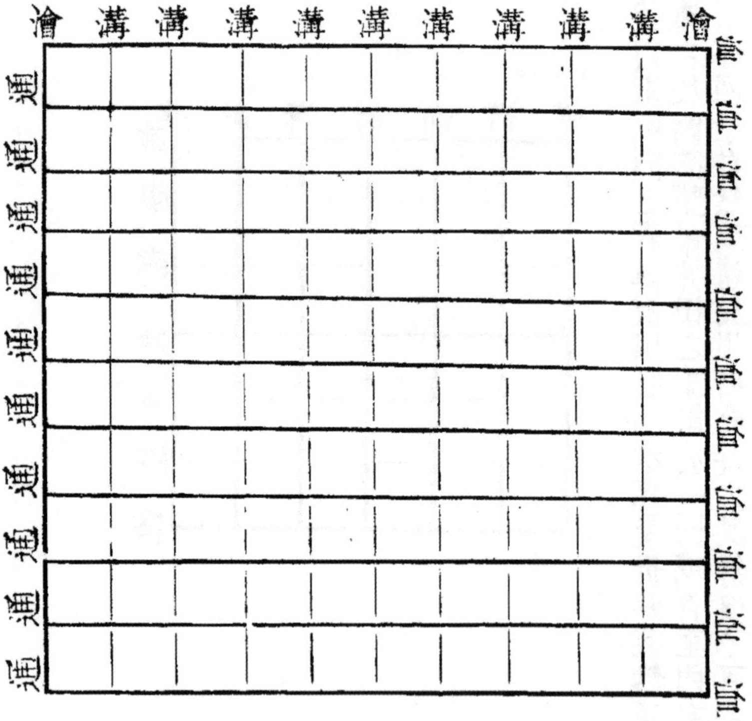

一同 每方一格為一成

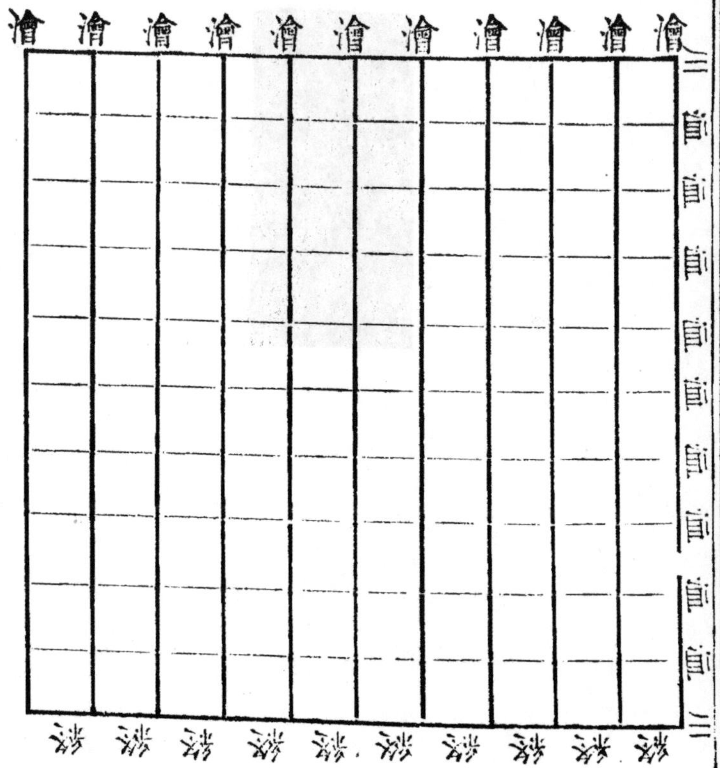

澮 澮 澮 澮 澮 澮 澮 澮 澮 澮 澮

洫 洫 洫 洫 洫 洫 洫 洫 洫

鄭注一成之內一甸出田稅一同之內四都出田稅故緣邊治澮洫計其數然爾不必定居緣邊

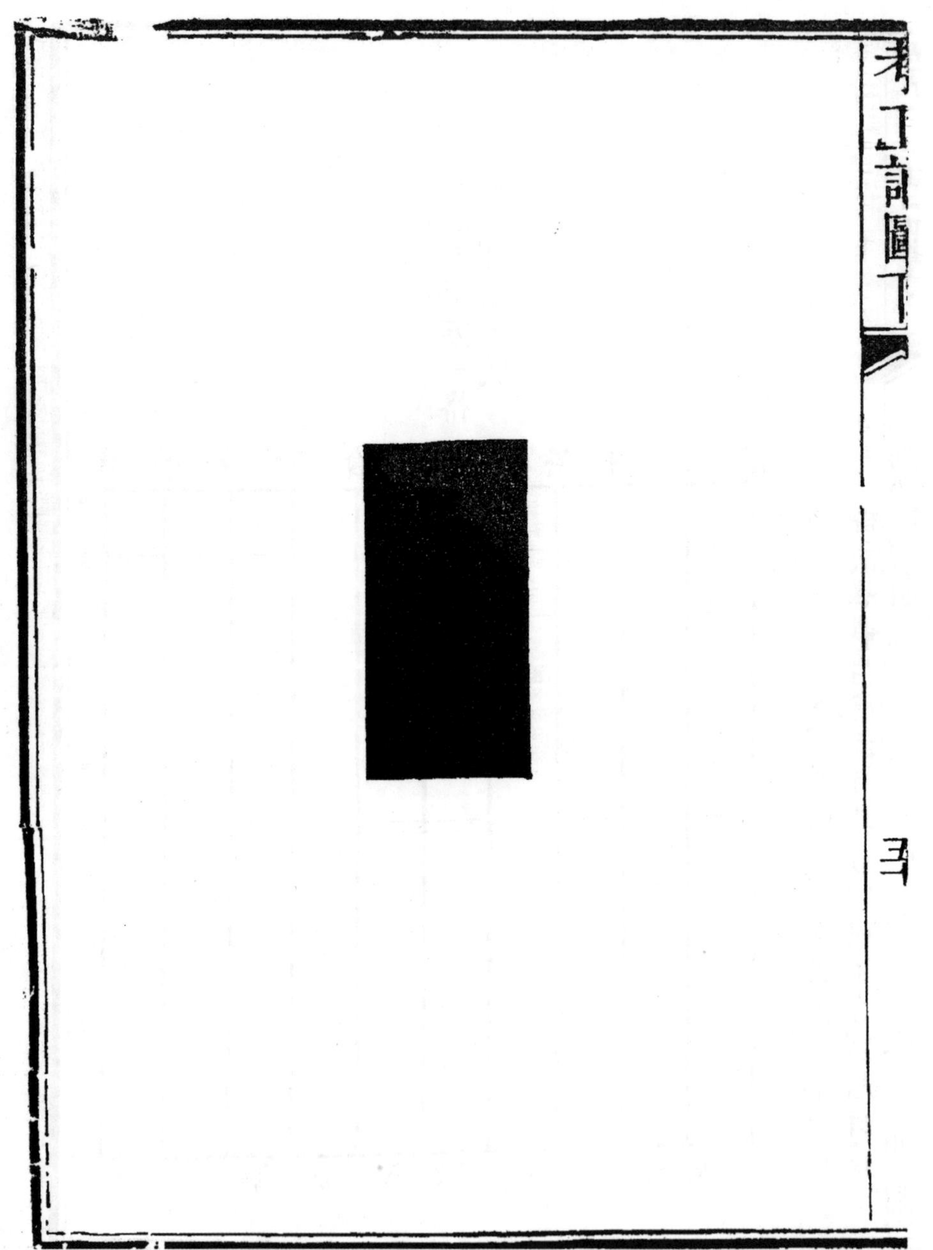
考工記圖下

車人之事半矩謂之宣

注矩灋也所灋者人也人長八尺而大節三頭也腹也脛也以三通率之則矩二尺六寸三分寸之二頭髮皓落曰宣半矩尺三寸三分寸之一人頭之長也柯欘之木頭取名焉柯欘以人所執之端爲頭界畫其處亦以度物易𠀵爲宣髮

一宣有半謂之欘張玉反

注欘斲斤柄長二尺爾雅曰句欘謂之定

一欘有半謂之柯

注伐木之柯柄長三尺詩云伐柯伐柯其則不遠

一柯有半謂之磬折

注人帶己下四尺五寸磬折立則上俛帶處爲磬折立之節玉藻曰三分帶下紳居二焉紳長三尺

車人爲耒庛長尺有一寸中直者三尺有三寸上句者二尺有二寸

注庛讀爲棘刺之刺刺耒下前曲接耜疏云耜謂耒頭金

自其庛緣其外以至於首以弦其內六尺有六寸與步相中也

注緣外六尺有六寸內弦六尺應一步之尺數耕者以田器爲度宜耜異材不在數中

堅地欲直庛柔地欲句庛直刺則利推句庛則利發倨

句磬折謂之中地中陟仲反

注中地之耒其庛與直者如磬折則調矣調則弊六尺

補注中地謂無不宜也宜堅不宜柔宜柔不宜堅爲不中地利推不利發利發不利推爲不中地

耒

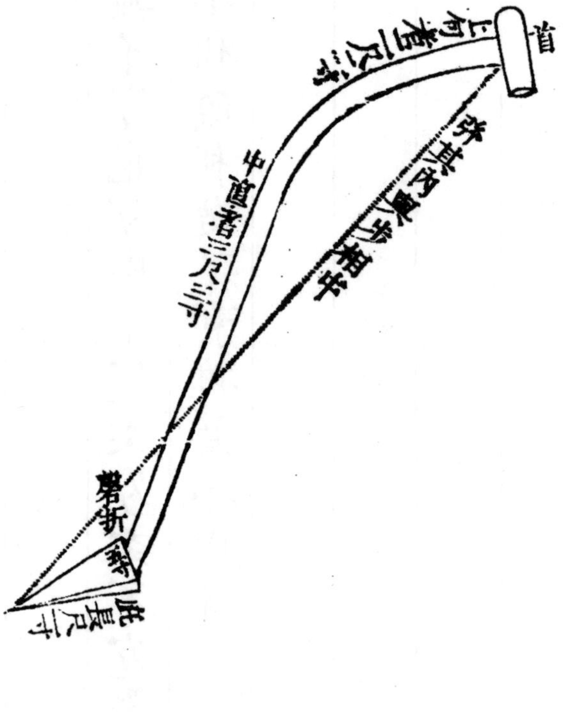

車人爲車柯長三尺博三寸厚一寸有半五分其長以其一爲之首

注首六寸謂今剛關頭斧柯其柄也鄭司農云柯長三尺謂斧柯因以爲度

轂長半柯其圍一柯有半輻長一柯有半其博三寸厚三之一渠三柯者三

注鄭司農云渠謂車輮所謂牙

行澤者欲短轂行山者欲長轂短轂則利長轂則安

注澤泥苦其大安山險苦其大動

行澤者反輮行山者仄輮反輮則易仄輮則完六分其

輪崇以其一爲之牙圍

注鄭司農云反輮謂輪輮反其木裏需者在外濘地多泥柔也山地剛多沙石玄謂反輮爲泥之黏欲得心在外滑仄輮爲沙石破碎之欲得表裏相依堅刃

柏車轂長一柯其圍二柯其輻一柯其渠二柯者三五分其輪崇以其一爲之牙圍

注柏車山車

大車崇三柯綆寸牝服二柯有三分柯之二羊車二柯有參分柯之一柏車二柯

注大車平地載任之車轂長半柯者也綆輪箄牝服

長八尺謂較也羊善也善車若今定張車較長七尺

補注大車渠二丈七尺輪崇當八尺六寸弱輻長不及四尺此云大車崇三柯與[illegible]較四寸前云輻長一柯有半不減轂空壺中皆畧舉大數爾車箱記無高度羊車惟言牝服柏車不言綆大半寸以載任之用牝車人可意儗增成之

凡爲輈三其輪崇參分其長二在前一在後以鑿其鉤徹廣六尺鬲長六尺鬲於革反

注鄭司農云鉤鉤心釋名鉤心從輿心下鉤軸也鬲謂轅端厭牛領者

補注轅値牝服下鬲在兩轅之閒鬲長車廣蓋等大

車轂長尺五寸中其轂置輻輻內六寸輻廣三寸綆寸凡一尺六尺之箱旁加一尺（兩旁共二尺）徹廣八尺明矣古者涂度以軌軌皆方八尺田車之輪卑於兵車乘車三寸牛車之制輈於四馬車軌八尺則同也故曰車同軌軌不同爲不合徹不可行於涂車人徹廣六尺字之誤與（車人所爲大車羊車柏車觀今日之車即可知惟兵車乘車田車制不復存）

弓人爲弓取六材必以其時六材既聚巧者和之幹也者以爲遠也角也者以爲疾也筋也者以爲深也膠也者以爲和也絲也者以爲固也漆也者以爲受霜露也

注取幹以冬取角以秋絲漆以夏筋膠未聞

凡取榦之道七柘爲上檍次之檿桑次之橘次之木瓜次之荆次之竹爲下

注鄭司農云爾雅曰杻檍關西呼杻子一名土橿一名牛筋又曰檿桑山桑

凡相榦欲赤黑而陽聲赤黑則鄉心陽聲則遠根

注陽猶清也木之類近根者奴謂駑下

凡析榦射遠者用埶射深者用直

注鄭司農云埶謂形埶假令本性自曲則當反其曲以爲弓故曰審曲面埶玄謂曲埶則宜薄薄則力少直則可厚厚則力多

居榦之道菑栗不迆則弓不發栗裂古字通

注鄭司農云菑㮚謂以鋸副析幹迆謂衺行絕理者弓發之所從起疏云不裹迆失理則弓後不發傷也玄謂㮚讀爲裂繻之裂豳風烝在栗薪箋云古者聲栗裂同也

補注菑斯聲相邇析也今方俗語猶然㮚裂假借字謂傷動曰發亦方言

凡相角秋閷者厚春閷者薄稺牛之角直而澤老牛之角紾而昔紾之忍反昔錯通

注鄭司農云紾讀爲抮縛之抮昔讀爲交錯之錯謂牛角觕理錯也

疢疾險中

注牛有久病則角裏傷

瘠牛之角無澤

注少潤氣

角欲青白而豐末夫角之本蹙於𦙶而休於氣是故柔

柔故欲其埶也白也者埶之徵也〔蹙音促𦙶腦通休況付反〕

注蹙近也休讀爲煦鄭司農云欲其形之自曲反以

爲弓玄謂色白則埶

夫角之中恆當弓之畏畏也者必橈橈故欲其堅也青

也者堅之徵也〔畏烏回反〕

注故書畏作威杜子春云威謂弓淵角之中央與淵

相當玄謂畏讀如秦師入隈之隈釋名簫弭之間曰淵淵宛也言曲宛也

夫角之末遠於𦙶而不休於氣是故脃脃故欲其柔也豐末也者柔之徵也角長二尺有五寸三色不失理謂之牛戴牛

注末之大者𦙶氣及煦之三色本白中青末豐鄭司農云牛戴牛角直一牛

凡相膠欲朱色而昝昝也者瀎瑕而澤紾而摶廉

注摶圜也廉瑕嚴利也

鹿膠青白馬膠赤白牛膠火赤鼠膠黑魚膠餌犀膠黃

凡昵之類不能方昵䵒通

注皆謂煑用其皮或用角餌色如餌故書昵或作樴

杜子春云或爲䵒䵒黏也

凡相筋欲小簡而長大結而澤小簡而長大結而澤則其爲獸必剽以爲弓則豈異於其獸

注剽疾也

筋欲敝之敝

注鄭司農云嚼之當孰疏云筋之椎打嚼齧欲得勞敝趙氏曰言熟之又熟也

漆欲測

注測猶清也

絲欲沈

注如在水中時色

得此六材之全然後可以爲良

注全無瑕病

凡爲弓冬析幹而春液角夏治筋秋合三材液音亦

注三材膠絲漆鄭司農云液讀爲醳疏云醳是醳酒之醳亦是漬液之義

寒奠體

注奠讀爲定至冬膠堅內之檠中定往來體

冰析灂

注大寒中下於檠中復內之

冬析幹則易

注理滑致

春液角則合

注合讀爲洽

夏治筋則不煩

注煩亂

秋合三材則合寒奠體則張不流氷析㵒則審環

注合堅密也流猶移也疏云謂不失往來之體也審猶定也疏云納之檠中析其漆㵒其漆之㵒環則定後不鼓動

春被弛則一年之事

注朞歲乃可用

析榦必倫析角無衺斲目必荼音舒

注鄭司農云荼讀爲舒舒徐也目榦節目

斲目不荼則及其大脩也筋代之受病夫目也者必強

強者在內而摩其筋夫筋之所由幨恆由此作故角三

液而榦再液幨昌廉反

注脩猶久也摩猶隱也幨絕起也重醳治之使相稱

厚其帤則木堅薄其帤則需帤女居反

注需謂不充滿鄭司農云帤謂弓中裨

是故厚其液而節其帤約之不皆約疏數必侔

注厚猶多也疏云多其液者謂角榦節猶適也疏云其裨須節適厚薄得所也不皆約纏

之纖不相次也侔猶均也

斲摯必中膠之必均斲摯不中膠之不均則及其大脩也角代之受病夫懷膠於內而摩其角夫角之所由挫恆由此作

注摯之言致也中猶均也榦不均則角蹴折也林氏云膠在角內若有厚薄則角必爲之摩動

凡居角長者以次需

注當弓之隈也長短各稱其榦短者居簫

恆角而短是謂逆橈引之則縱釋之則不校恆角而達辟如終紲非弓之利也今夫茭解中有變焉故校於挺

臂中有柎焉故剽恆角而達引如終紲非弓之利恆亙同辟譬同注恆讀爲極極竟也竟其角而短於淵幹引之角縱不用力若欲反撓然校疾也既不用力放之又不疾達謂長於淵幹若達於簫頭紲弓韣角過淵接則送矢太疾若見紲於韣矣紲繫也常如繫於韣然弓有韣者爲發弦時備頓傷詩云竹韣緄縢發弦謂解厺弦茭讀如齊人名手足擥爲骹之骹茭解謂接中也前云居角長短各稱其幹短者居簫然則角長至淵幹與居簫之短者相接所謂淵接是爲茭解中也變謂簫臂用力異疏云引之則臂中用力放矢則簫用力既用力異故校校謂矢厺疾也挺直也柎側骨釋名中央曰弣弣撫也人所持撫也林氏曰側骨者把處兩邊貼以木也剽亦疾也

補注韣以竹爲之弓弛則紲之於弓裏張則厺之角

長過淵接引弦送矢俱不利故曰辟如終紲又曰引如終紲

撟幹欲孰於火而無贏撟角欲孰於火而無燂引筋欲盡而無傷其力鬻膠欲孰而水火相得然則居旱亦不動居溼亦不動撟居兆反燂音尋

注贏過孰也燂炙爛也不動者謂弓也

苟有賤工必因角幹之溼以爲之柔善者在外動者在內雖善於外必動於內雖善亦弗可以爲良矣

注溼猶生也

補注鄭用牧曰動者在內謂後必橈減變動於內

凡爲弓方其峻而高其柎長其畏而薄其敝宛之無已應敝讀爲蔽塞之蔽

注宛謂引之也引之不休止常應弦言不罷需也峻謂簫也鄭司農云敝謂弓人所握持者

補注峻蓋簫之柱弦者也挺臂中有柎柎嚮弦宜高而薄之以便握持高下厚薄互爲横縱之辭也敝與柎皆弓把柎者其內側骨

下柎之弓末應將興爲柎而發必動於繝

注末猶簫也興猶動也發也弓柎卑簫應弦則柎將動繝接中

補注末應將興言簫應弨將有傷動爲柎而發必動於絅言因柎以致傷動者其病必枉角柎相接之處興與弓韻弓音肱發與絅韻異文協句爾

弓而羽絅末應將發羽音戶絅色界反

注羽讀爲扈扈緩也接中動則緩絅簫應弨則角幹將發

補注接中既傷動而緩絅角幹皆隨之壞矣

弓有六材焉維幹強之張如流水

注無難易也

維體防之引之中參

注體謂內之於檠中定其體防淚淺所止疏云若王弧之弓往體寡來體多弛之乃有五寸張之一尺五寸夾庾之弓往體多來體寡者弛之一尺五寸張之得五寸唐弓大弓往來體若一者弛之一尺張之亦一尺謂體

定張之弜居一尺引之又二尺疏云此據唐大中者而言餘四者弛之張之雖多少不同及其引之皆三尺以其矢長三尺須滿故也

維角𡐦之欲宛而無負弜引之如環釋之無失體如環𡐦古音直良反今音丑庚反

注負弜辟戾也負弜則不如環如環亦謂無難易

補注既張弜引之如環及其釋弜無失體亦如環也

材美工巧爲之時謂之參均角不勝榦榦不勝筋謂之

參均量其力有三均均者三謂之九和

注不勝無負也

補注角幹筋三者量其力無此勝彼負謂之參均卽所謂量其力有三均也角幹筋之材美工巧爲之時謂之參均是均者各三而謂之九和也量其力有三均二句承上兩謂之參均

九和之弓角與幹權筋三侔膠三鋝絲三郢漆三斞上工以有餘下工以不足鋝當作鍰

注權平也鋝鍰也郢斞輕重未聞

補注權之使無勝負故曰角與幹權侔未聞三侔三鍰三郢三斞一弓之筋膠絲漆也鍰者十一銖二十五分銖之十三三鍰重一兩十銖二十五分銖之十

四郰收繇之器魁把漆之器皆有量數可取則者

爲天子之弓合九而成規爲諸侯之弓合七而成規大夫之弓合五而成規士之弓合三而成規

注材良則句少也疏云按下文及司弓矢六弓爲三等無士用合三成規之弓者

弓長六尺有六寸謂之上制上士服之弓長六尺有三寸謂之中制中士服之弓長六尺謂之下制下士服之

注人各以其形貌大小服此弓

凡爲弓各因其君之躬志慮血氣豐肉而短寬緩以荼若是者爲之危弓危弓爲之安矢骨直以立忿埶以奔若是者爲之安弓安弓爲之危矢其人安其弓安其矢

安則莫能以速中且不深其人危其弓危其矢危則莫能以愿中荼古文舒假借字

注又隨其人之情性奔猶疾也愿慤也

往體多來體寡謂之夾臾之屬利射侯與弋臾庾通

注射遠者用埶夾庾之弓合五而成規侯非必遠顧埶弓者材必薄薄則弱弱則矢不深中侯不落大夫士射侯矢落不獲弋繳射也

往體寡來體多謂之王弓之屬利射革與質

注射深者用直此又直焉於射堅宜也王弓合九而成規弧弓亦然革謂干盾質木椹天子射侯亦用此

弓

往體來體若一謂之唐弓之屬利射深

注射深用直唐弓合七而成規大弓亦然

大和無灂其次筋角皆有灂而深其次有灂而疏其次角無灂

注大和尤良者也深謂灂在中央兩邊無也疏云筋在背角在隈皆有灂但深在其中央兩邊無也其次有灂而疏者以上參之此謂兩邊亦有但疏之不皆有也角無灂謂隈裏

合灂若背手文角環灂牛筋蕢灂麋筋㡿蠖灂

注弓表裏灂合處若人合手背文相應蕢枲實也㡿蠖屈蟲也

和弓轂摩

注和猶調也轂拂也將用弓必先調之拂之摩之

覆之而角至謂之句弓覆之而榦至謂之矦弓覆之而筋至謂之深弓

注句於三體材敝惡不用之弓也覆猶察也謂用射而察之爾雅覆審也至猶善也古字至致通致致密也但角善則矢雖疾而不能遠榦又善則矢疾而遠筋又善則矢旣疾而遠

又深

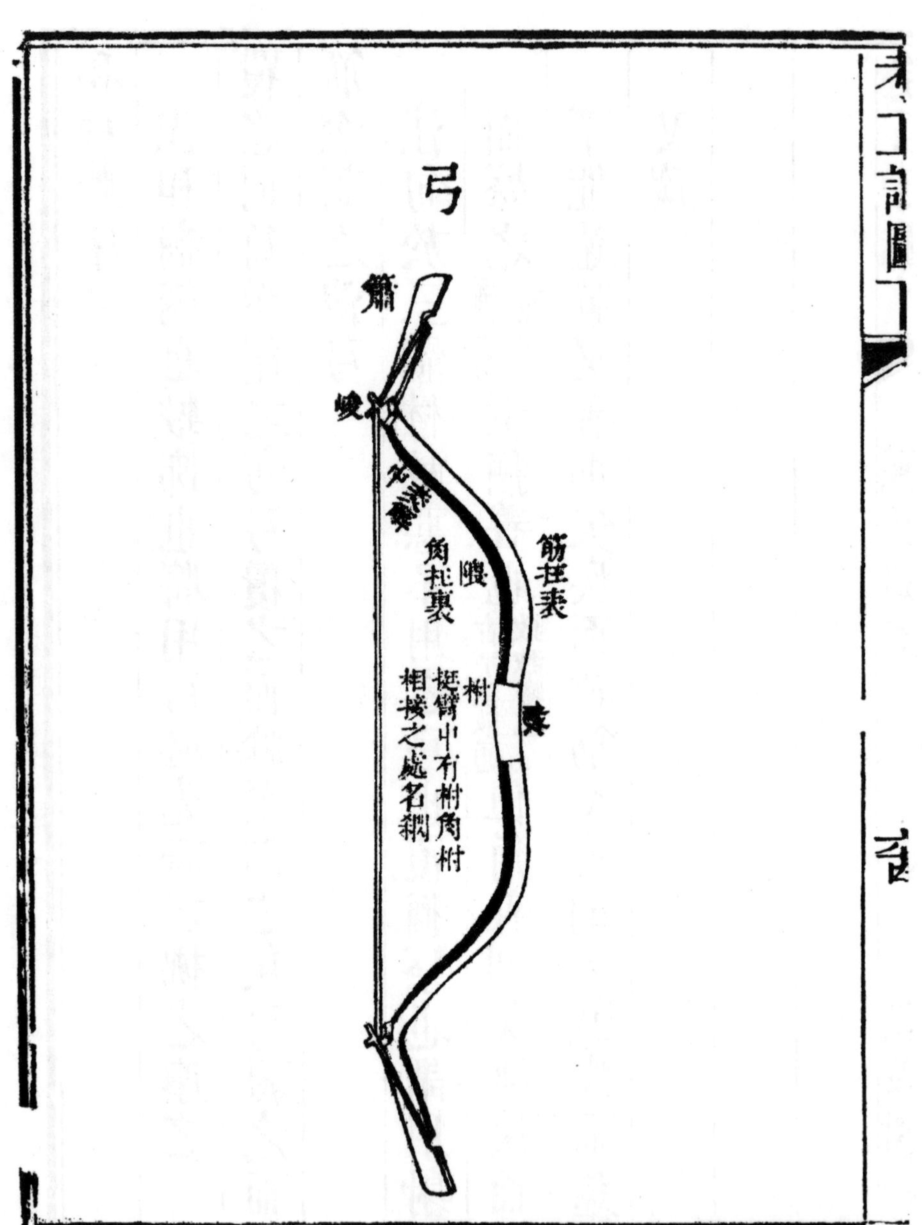
弓
簫
峻
筋在表
角在裏
隈
柎
敝
挺臂中有柎角柎
相接之處名淵

考工諸器高庳廣狹有度今爲圖敘於數寸紙幅中或舒或促必如其高庳廣狹然後古人制作昭然可見不則如磬氏之磬何以定其倨句㮚氏之量何以測其方圜徑冪韗人之臯陶何以辨其䠞鼓鼖鼓又如鳧氏之鐘後鄭云鼓六鉦六舞四其長十六又云今時鐘或無鉦閒既爲圖觀之卤知其說誤也句股灋自銑至鉦八而厺二則自鉦至舞亦八而厺二銑爲鐘口舞爲鐘頂記曰銑曰鉦者徑也曰銑閒曰鉦閒曰鼓閒者崇也曰脩曰廣者羨也羨之度擧舞則鉦與銑可知而鉦閒因銑鉦舞之徑以得其崇然則

記所不言者皆可互見若據鄭說有難爲圖者矣其他戈戟之制後人失其形佀式崇式淺後人疏於考論鄭氏注固不爽也車輿宮室今古殊異鐘縣劒削之屬古器猶有存者執吾圖以考之羣經暨古人遺器其必有合焉爾昔柔兆攝提格日在南北河之閒東原氏書於游蓺塾

乾隆己亥秋重抄

考工記圖下終

ISBN 978-7-5010-7370-2

定價：90.00圓